艺术之城

厦门建筑之旅

外图凌零 编

海峡出版发行集团
THE STRAITS PUBLISHING & DISTRIBUTING GROUP
福建教育出版社

图书在版编目（CIP）数据

厦门建筑之旅 / 外图凌零编．— 福州：福建教育出版社，2024.12.—（艺术之城）.— ISBN 978-7-5758-0298-7

Ⅰ．TU-862

中国国家版本馆 CIP 数据核字第 2024TK2285 号

Yishu Zhi Cheng · Xiamen Jianzhu Zhi Lü

艺术之城 · 厦门建筑之旅

外图凌零　编

选题策划　外图凌零
责任编辑　黄珊珊
特约编辑　韦晓黎
美术编辑　邓伦香
装帧设计　孟　迪

出版发行　福建教育出版社
（福州市梦山路 27 号　邮编：350025　网址：www.fep.com.cn
编辑部电话：0591-83779650
发行部电话：0591-83721876　87115073　010-62024258）
出 版 人　江金辉
印　　刷　厦门市明亮彩印有限公司
（厦门市同安区西柯镇环东海域思明工业园 51 号　361100）
开　　本　710 毫米 ×1000 毫米　1/16
印　　张　20.75
字　　数　126 千字
插　　页　2
版　　次　2024 年 12 月第 1 版　2024 年 12 月第 1 次印刷
书　　号　ISBN 978-7-5758-0298-7
定　　价　108.00 元

编　委　会

策　划：外图凌零

执　笔：蔡怡琳　蓝雅婷

编　辑：陈忠坤　徐蕙蕙　邱培娟

刘　洋　刘芳芳　陈佳韵

摄　影：吴贤宾　黄德应　蔡瑞云

《艺术之城·厦门建筑之旅》

编写说明

建筑是文化的有形物质载体，是一枚时间琥珀，凝固流动的历史；亦是一面时代镜子，映照当时的审美。近年来，随着建筑文化遗产保护的重要性不断凸显，有关城市建筑的书籍不断涌现，厦门也陆续出版多种书籍介绍闽南古厝、华侨骑楼等特色建筑。《艺术之城·厦门建筑之旅》与之前的类似书籍有所不同，力求较为系统全面地展示厦门建筑的文化历史脉络。古朴大气的红砖古厝承载血脉乡愁，异域风情的骑楼建筑彰显海纳百川，中西合璧的嘉庚建筑扬举华侨旗帜，浓墨重彩的鼓浪屿建筑展现开放气度，造型独特的其他建筑迸发创新活力——选择从这五个板块入手，是因为这五类建筑就如拼图，能从古至今拼接出厦门建筑的发展全貌，缺一而不可。

本书从建筑代表性、历史意义、保存状态等多方面进行考量，选取了百余处建筑，既描述布局特点、形制规格、选材用料、营造装饰等建筑特性，也讲解建筑背后的历史渊源、家风故事、文化内涵等人文思想，再配以精美的建筑摄影图片，以图文并茂的方式，让厦门建筑的故事被读到、看到、体验到，让读者从不同的角度认识这座海上花园城市。但因时间、精力所限，以及编撰过程中部分建筑仍在修缮修建中等缘故，本书收录的资料难免有缺漏之处，在后续的修订版中我们会持续进行补充、完善，也恳请读者们在阅读后予以指导、指正。

城市是一本打开的书，不同的人有不同的解读方式。我们真切地希望，本书的出版可以成为一扇小小的窗户，让大家得以窥见厦门的建筑美学与独特魅力。

BUILD

第一章

红砖古厝

青礁村院前社古厝群落 2
新垵红砖古厝群 6
莲塘大厝——莲塘别墅 10
大帽山境古民居群 14
“金门县政府旧址”建筑群 18
小嶝岛古厝群 22
马巷亭洋古民居群 26
乌山“九十九间” 28
祥店红砖古厝群 32
灌口镇东辉“九十九间”与双岭“九十九间” 36
卢厝——“新娘厝” 42
兰琴古厝 46
张夜合大厝 50
同安孔庙 52
莲花同字厝 56
曾厝陈氏古民居 60
吕塘古厝 64

BUIL

第二章

厦门骑楼

五横（东西向） 70

开元路 70
中山路 74
思明东路、思明西路 80
大同路 82
厦禾路西段 86

三纵（南北向） 88

思明北路、思明南路 88
开禾路、横竹路、镇邦路、水仙路 92
鹭江道 96

其他路段 102

古城西路 102
定安路 104
大中路 106
故宫路 108
新华路 110
民族路 114
大学路 116
华新路、公园西路 118

第三章

嘉庚建筑

厦门大学 122

建南楼群 122
群贤楼群 126
芙蓉楼群 130
嘉庚楼群（颂恩楼群） 132

集美学村 134

延平楼 134
尚忠楼 136
南薰楼 138
道南楼 142

陈嘉庚纪念馆 144
华侨博物院 146
集美新城 150

嘉庚艺术中心（嘉庚剧院） 150
诚毅科技探索中心 152
厦门市图书馆（集美新城馆区） 154

BUILD

第四章

鼓浪屿建筑

日光岩寺 160
种德宫 164
协和礼拜堂 166
福音堂 170
三一堂 174
天主堂 178
毓德女学校旧址 182
闽南圣教书局 184
蒙学堂旧址 186
安献楼 188
万国俱乐部 190
英国领事馆遗址、英国领事公馆旧址 192
日本领事馆旧址 196
美国领事馆旧址 200
雷厝 204
大夫第与四落大厝 206
黄氏小宗祠堂 210
八卦楼（鼓浪屿风琴博物馆） 212
菽庄花园（鼓浪屿钢琴博物馆） 218
海天堂构 222
亦足山庄 226
黄家花园 230
黄荣远堂（中国唱片博物馆） 236
杨家园 238
黄赐敏别墅（金瓜楼） 242
瞰青、西林别墅（郑成功纪念馆） 246
番婆楼 250
船屋 252
李清泉别墅 254
英国伦敦差会女传教士宅 258
厦门海关验货员公寓旧址 260
汇丰银行公馆旧址 262

BUII

第五章

其他建筑

厦门国际会议展览中心 266
闽南大戏院 268
中航紫金广场 270
厦门国际金融中心 274
厦门奥林匹克博物馆 276
海峡明珠广场 278
厦门人民会堂广场 280
源昌凯宾斯基大酒店 282
海上明珠观光塔 284
世茂海峡大厦 288
厦门文化艺术中心 292
财富中心写字楼 294
建设银行大厦 294
鹭江宾馆 296
厦门国际邮轮中心 300
厦门海峡旅游服务中心——海峡新岸 302
厦门桥梁博物馆 306
金沙书院 308
厦门中心大厦 312
同安朱子书院 314
美峰科创公园会展功能区 318
厦门凤凰体育馆 320

第一章 红砖古厝

如果问，什么颜色最能代表厦门？红色一定榜上有名。蓝天碧海间，凤凰花的花簇如燃烧的火炬，八卦楼亮丽的红色屋顶像少女明艳的唇彩，还有分布在厦门各个角落的红砖古厝，每一座都是时间的琥珀。闽南人“敢为天下先”的精神特质，让原本只能在皇家宫殿和庙宇使用的红，飞入寻常百姓家。红色是大吉大利，是喜笑颜开，谁不希望自己的安居地，能有日日甜的暖屋茶汤和岁岁年的风云无恙？于是红色的厝如绵延的血脉，跨越几个朝代，庇护它的主人。

闽南人是重家族血缘的，起大厝大多是“三合院式”或“四合院式”，有的还有家塾和宗庙。闽南人是开放包容的，大厝不仅继承中国传统建筑文明，还吸收西方建筑精华。闽南人是含蓄的，万千的祝福和祈盼不会挂在嘴边絮絮叨叨，而是把心意融入到房子的每一个角落。飞扬的燕尾脊和烟炙砖，是对远行游子记得归家的嘱托；青石做的竹节窗，是对长辈寿比南山的祝福；八角形的红板砖寓意为“八吉”，希望幸福无终无止。墙面、水车堵、悬鱼、墀头、斗拱、雀替，更是用剪瓷雕（剪黏）、泥塑、彩绘、交趾陶、砖雕等方式，将各类代表祥和吉庆的飞禽走兽、奇花异草都请到房子里，似乎有了这些灵性之物，住在屋里的人就能平安顺遂、知书达理。还有一些人家，干脆把古人的警世名言和家规家训等镌刻、粘贴到醒目位置，日日观照、日日提醒。

在古厝里穿梭，你常会被一些细节感动：也许只是一对小小的门簪，却也镂刻了人物图案；也许只是一对在极高处的梁座，却也精雕细琢了莲花仙鹤。从前车遥马慢，先人们却在平常间过出了诗情画意。时光荏苒，中国人对美好生活的追求渴盼从未止息。

·青礁村院前社古厝群落

青礁村下辖的自然村院前社是保生慈济文化的主要发祥地，亦是“开台王”颜思齐的故乡，拥有厚重的闽台历史文化和特有的红砖古厝生态景观。青礁村自古以来传承《颜氏家训》，《颜氏家训》的作者南北朝名士颜之推正是青礁村颜氏的远祖，他与青礁村开基祖、宋朝士人颜慥都是孔子得意门生颜回的子孙。青礁村历史悠久，至迟在北宋时就已存在，至今仍拥有一批古厝，主要有颜江守宅、王艺全宅、颜珍伟宅及颜氏小宗祠等。

颜江守宅建于清代，由围墙、院落和三组主体建筑组成。墙体下部朴素的泉州白花岗岩条石，衬托出上部精美的石雕和灰塑图案装饰。其中窗额上的人物、花草和文字图轴精细雅致。屋脊上各种珍禽瑞兽飞驰，华丽的剪黏令人驻足。

王艺全宅是一座由前、中、后三进及左右护厝组成的合院式清代闽南建筑。有趣的是，其位于檐下与墙身上方交界处的水平装饰带——水车堵除绘有山水画外，还有航海图，可以说是主人见多识广的印证。

颜珍伟宅及颜氏小宗祠由左、中、右三组合院式闽南传统建筑组成，砖石木结构，清代建筑。门前地面由花岗岩石条铺筑，石缝间的小草与建筑一样生命力顽强。左组建筑为私塾，中组建筑为住宅，右组建筑为颜氏小宗祠。宅子装饰十分华丽，梁架和雀替上有狮子、大象、鳌鱼和人物故事等木雕。此外，石雕、剪黏、彩绘、灰塑等一应俱全。门额上方有卷轴、册页书画。这种集住宅、家庙、私塾三位一体的古建筑并不多见，保存至今的更为稀有，在厦门，除莲塘别墅外就只有这一处。

地址：厦门市海沧区马青路辅路与青礁枢纽交叉口东南100米

大夫第

廈門市現代物流業商會會館
永結同心
交頸鴛鴦並蒂花下立
協翅紫燕連理枝頭飛

迎春接福
和和順順添美滿
歡歡喜喜迎吉祥

· 新垵红砖古厝群

在厦门，如果你想穿上汉服寻一处明清时期的村落怀古，那么海沧区新阳街道新垵村或许是不错的选择。

新垵村历史悠久，可上溯至唐代。难能可贵的是，这里的古建筑保存较好。新垵红砖古厝群由 70 多座闽南传统建筑构成。因为它们的主人都是出洋经商致富的人家，经济实力雄厚，所以屋厝精美，相互之间争奇斗艳，许多院落的装饰巴不得十八般武艺都用上。早年外国传教士曾盛赞这些建筑，认为它们是中国古代民居中不可多得的珍品和耀眼的明珠。除民宅外，新垵村还有众多宫庙，庙里有手绘壁画和信众捐赠的青石雕。宫庙谱系明确、绵延不断，体现出人们祈求神灵和祖先赐福和庇护的美好向往。

新垵红砖古厝群还有个特点：具有浓厚的传统文化内涵。不少民居都装饰着有教育意义的木石雕刻和对联。如邱睦宽宅、邱汝贯宅大门上端的青石户枢上精刻的“三娘教子”“司马光砸缸”等民间故事，邱得魏宅（庆寿堂）的私塾学堂“观圃”大门对联“观史愈征书味永，圃荪最爱菜根香”，邱睦宽宅对联“修省身心如执玉，德昭孙子胜遗金”，邱新样宅（锦庆堂）门罩下石库门对联“克勤克俭善人是富，美轮美奂君子之居”。这些元素对于我们挖掘当地传统文化意义深远。

闽南多台风，这些建筑自带“防风”属性。它们的梁架承重面敦厚，能增强抗压力，木梁则主要架在厚实的墙体上。同时，在屋顶上加叠五层的宽大俯瓦，使整个屋面增重，避免台风的负压吸刮走屋瓦。

地址：厦门市海沧区新阳街道新垵村

郑氏小宗

聯興街

芳

孝 忠
如意

祖德
宗功

· 莲塘大厝——莲塘别墅

曾有一座闽南大厝别墅，四周均为水塘，遍植莲花，出入以小舟为渡，别墅名曰：莲塘。宋代词人李清照笔下的“争渡争渡，惊起一滩鸥鹭”，是住在莲塘别墅里的人经常体验的妙境。

时至今日，水塘不再，幸而别墅犹存，带我们一瞥当年繁华。

莲塘别墅建于清光绪年间，主人为赴越南经商致富的华侨陈炳猷。陈炳猷是宣统帝师、福建铁路总办陈宝琛的挚友，受洋务运动影响，积极响应实业救国主张。莲塘别墅正门的一副对联“莲不染尘君子比德，塘以鉴景学士知方”体现了主人对自身以及家族子弟的期望。

莲塘别墅建筑群占地约 3 万平方米，建筑面积 8000 多平方米，由家庙、学堂、住宅三部分组成，是厦门地区保存面积最大的园林式家族聚集建筑群。家庙位于整个建筑群西侧，学堂位于东南侧，东北侧则为族人住宅，三者围绕中间的花园呈品字形分布，突破传统的中轴线布局和左右对称的四合院式设计。

莲塘别墅有厦门现存别墅里难得一见的后花园，占地面积约 531 平方米，花园内有古榕树、龙眼树、石桥、假山、双回六边莲花池等。榕树的苍劲和青石的玲珑相映成趣、典雅古朴，令人如临江南。想当年，从莲塘学堂下课的学子们在花园里嬉戏，该是怎样的充满生趣。

刻有“莲塘别墅”蓝色大字的大厝，非常独特。正门墙身由一个个蓝色卍字纹的彩绘组成，两侧各有 4 幅泥雕和彩绘，同样以蓝色为框，清雅别致。最引人注意的是学堂部分的厅堂和四周墙裙上的砖雕，以百花、百兽为题材，共 108 幅，寓意“福禄寿喜平安”。此外，屋檐下的水车堵雕有“通商洋行”主题的风景画，画中有西洋楼房、蒸汽动力船等，是清末民初新旧时代交替及中西文化交流的例证。

地址：厦门市海沧区海沧街道莲花洲

陳氏家廟

· 大帽山境古民居群

如果你想体验现代版的《归园田居》，那么位于翔安区新圩镇的大帽山境是个不错的选择。群山环抱中，一组由古民居改造而成的民宿等候着游客光临。在这里，你不仅可以亲自打开咿咿呀呀的双开木门、住在硬山顶的红砖古厝里，还能在开满了宫粉羊蹄甲和三角梅的石板路上穿梭，看今日的月光投射在千年的庙宇上。往远处走走，你可以看见溪美水库、甘露禅寺、大寮灵宫等。

地址：厦门市翔安区新圩镇大帽山农场寨仔尾村

甘露禅寺位于大帽山农场北面，始建于唐代，后损毁，明朝末期重修，为两进三开间、天井加拜亭的宫廷式石木建筑。屋顶和水车堵的剪瓷雕惟妙惟肖、色彩鲜艳，屋身由青石雕塑和影雕铺就，古朴中见华丽。

位于后炉村的大寮灵宫是台湾众多太子宫的祖庙之一，多年来时常有海峡对岸宫庙前来谒祖请火。

·“金门县政府旧址”建筑群

田墘村的静美让人恍似找到了梦中的桃源，这里不仅有 460 多岁的菩提树，还有光彩亮丽的古民居。抗战时期，因日军占领金门岛，国民党金门县政府被迫撤离，迁往金门岛对面的大嶝岛，借用田墘村民居办公，同时迁入的还有国民党金门县党部。

现存“金门县政府旧址”为 12 幢典型的闽南红砖古厝建筑群，分为 7 个功能区，包括县政府、国民党党部、会议室、警察署、家属楼、师部、盐兵楼等。总建筑面积 2698.6 平方米，以红砖建筑为主，大都是“燕尾式”和“马背式”。除金门县政府会议室旧址（田墘郑氏家庙）始建于明崇祯年间、石雕均为明代原物外，其余建筑大多于清末民初建造。

这组建筑基本按原形态保存下来。金门县政府文书房、盐兵楼、家属楼等均为中西合璧式建筑，其余楼房为闽南红砖民居风格。墙正面多以清水烟炙砖贴面，都有欧式女儿墙和柱廊，并有灰塑装饰，装饰姿态各异，除了有憨态可掬的小狮子，竟然还有呆萌的变色龙。战争的硝烟已散去，这些建筑是见证两岸同根同源、共同抗日的重要史迹。

地址：厦门市翔安区大嶝岛田墘村

榮陽衍派
五福臨門

仰之弥高

抗戰時期金門縣政府歷史陳列
第七批省级文物保护单位
大嶝金门县政府旧址——
文书房（2）
保护范围：东、西各外延15米，北外延14米，南外延10米。
文物安全责任公示牌
文物名称：文书房（2）
保护管理机构
管理使用单位
文物安全责任单位
文物安全管理人
职务
联系电话
15959204599
翔安区文化和旅游局
110（报警）
119（火警）
0592-7098550（文物监督举报）

博經
通德

· 小嶝岛古厝群

小嶝岛形似头枕青山、足抵碧波的睡美人，与金门隔海相望，与大嶝岛、角屿合称“英雄三岛”。这个方圆仅 0.88 平方公里的弹丸之地，有一棵 600 多岁、年年开花的“八闽铁树王”，还沐浴过宋代理学名贤邱葵的教泽，经历过近代炮战的洗礼。

邱葵故居（即邱氏宗祠，始建于清嘉庆年间，1985 年重修）为砖木结构的双落大厝，中为天井和两侧廊道，祠前为砖埕，硬山顶，燕尾脊，两侧脊端立有陶塑龙首，敦厚古朴。除此以外，小嶝岛上还保存着一些有百年历史的红砖古民居，以及一些石瓦、砖瓦混砌屋。这里的红砖颜色鲜亮，在蓝天碧海间格外耀眼。民居以闽南建筑“九架厝”的格局为主。

地址：厦门市翔安区大嶝街道小嶝岛

許氏宗祠
祖功宗德流芳

· 马巷亭洋古民居群

亭洋古民居群坐落于翔安区马巷街道亭洋村西南部。清朝乾隆时期设“马巷厅”（翔安区前身），其所辖马巷镇，为闽南四大古镇之一。由于亭洋村周边海域辽阔，自古就是海上商业贸易发达之地，拥有清代翔安建筑材料集散地港口，因此当地居民建房造屋有“先天之利”，亭洋民居多采用红料（红砖、红瓦）、杉料，仅在地基上与窗台下砌筑薄板蚝堆石，是地道的红砖木结构。同时，亭洋村古厝还将砖雕装饰运用到极致，随处可见点缀于各处的砖雕。

有趣的是，这些房子的天井一般铺设条石，并在其下修建弯曲排水涵沟。因为闽南人认为直流排水会泄财，唯有将涵沟变弯才能聚财。但弯曲容易造成淤泥的堆积与堵塞，于是有些人家就在涵沟里放养乌龟和鱼，它们的活动能清淤，使涵沟保持通畅。生活的匠心，往往就在细节处。

地址：厦门市翔安区马巷街道

翔安区未定级不可移动文物
厦门市翔安区人民政府

壽比南山

• 乌山“九十九间”

乌山“九十九间”也称“九十九门”，建于清代，1980 年重修。所谓“九十九间”，实际为虚指，因这座大厝的门非常之多。

走进“九十九间”，宅内埕、厅、院相通，屋屋相连、门门相对。左、右护厝中部均有过水廊与中央天井相连，加上外埕、大门、内埕、天井、厅堂、回巷等，是厦门地区“大六规”标准的红砖大厝，具有典型的闽南特色。墙裙为花岗岩条石叠砌，门前青草依依。时光蹉跎，人来人往，这些相通的门廊用它们守护的眼，记录陪伴和温暖。

地址：厦门市翔安区新圩镇乌山村大厝内 47—48 号

· 祥店红砖古厝群

人言："有祥店富，无祥店厝。"祥店红砖古厝是厦门岛内唯一留存的古民居群，却因为许多原因，现在只剩下寥寥几栋。建筑群落以黄氏祖祠为龙头，从东向西，一字排开。建筑多为砖木石混合结构，穿斗式梁架、硬山布瓦顶、燕尾脊。由于族长的统一规划，这片古厝群哪怕建筑时间不一、面积不一，却和谐统一。宅与宅横向之间由 3—4 米宽的巷道笔直分隔；纵向之间，高高的巷道墙相延相接。

地址：厦门市湖里区祥店村

·灌口镇东辉“九十九间”与双岭“九十九间”

东辉村“九十九间”大厝始建于清朝，坐西朝东，由并排的南、北两组“三落大厝带双边护”和前院排屋组成，建筑规模庞大，是闽南大型乡村古厝民居的代表。南侧大厝为“五包三”布局，北侧大厝为“七包五”布局，两组大厝之间为巷弄。此建筑群建有角楼，布设枪眼，为防盗匪用，前院两端原有角楼已毁，中部巷弄后门角楼尚存。虽称“九十九间”，实际上大厝里共有百余间房，曾有百余人同住于此。

双岭村“九十九间”是一座明代的古宅，因原有九十九扇门而得名。宅院由护院沟、围墙、晒谷场、院落主体、小果园等构成，墙体由石灰、砖片、石子等杂糅红糖夯筑而成，坚固程度不亚于水泥。但风流总被雨打风吹去，今日这些建筑损毁严重。

古宅选址在越尾山下，据传是谓之“虎穴”的风水宝地。古宅所在之处为“虎头”；前面长方形的护院沟构成“虎口”；紧挨着“虎口”的一堵矮墙上有四个花窗，左右两端的圆花窗是“虎眼”，中间两个方花窗则是“虎鼻孔”，如今右边的“虎眼”已随院墙的残破倒塌而消失，左边的“虎眼”仍栩栩如生；后院围墙围成椭圆形，这是“虎后脑勺”。

地址：厦门市集美区灌口镇东辉村、双岭村

• 卢厝——“新娘厝”

卢厝的存在，让思明南路厦港街道这一繁华喧闹的画卷上，有了一方沉稳古朴的印章。

卢厝在老厦门人口中也被称为“新娘厝”。据传，清光绪年间，旅菲商贾卢安邦为了儿子的婚事颇费心思，他看中了街对面蒋厝的姑娘。但蒋家人不为所动，并说卢家有蒋厝富却无蒋家的厝。卢安邦闻言，立刻着手兴建卢厝，立誓要建得比蒋厝更漂亮。三年后，大厝建成，房子之气派摩登，足见卢家人的诚意。蒋氏姑娘终于成了卢家的儿媳妇。

卢厝坐北朝南，建筑面积985平方米，由中轴对称的两落横向大厝和两侧纵列护厝及院前石埕组成，埕周为围墙，中间建一个高大门楼，形成完整的群落，十分气派。这样的气派在闽南红砖民居中并不罕见，但令人叹为观止的是，民居中所用到的砖、石、木雕装饰艺术在这里发挥到了极致。

地址：厦门市思明区厦港街道福海社区围仔内巷

卢厝墙体由不同形状的红板砖组砌而成，砖与砖之间还用白灰勾缝构成多种吉祥文字，如“天官赐福”“金玉满堂”等。木门上也用卯榫镂空组合成对联。石雕图案则多达上百幅，每一幅都是一个故事。所有对生活的美好期盼，都能在其间找到意象。更独特的是，主人还用琉璃烧制和石板摹刻了大量历史名人的诗词墨迹，装饰上墙。

不仅如此，这座古厝还一分新潮，每个房间和走廊都有嘎斯灯（电石灯）。在大部分中国人还点蜡烛和煤油灯的时代，嘎斯灯的存在是多么时髦。卢厝的个别房间里还有花砖和壁炉，这在闽南红砖大厝里相当罕见。

岁月无声，建筑有形。当我们与古人无法直接对话的时候，这些留存至今的器物，就是沟通的最好媒介。

蘭琴古居
義氣臨堂老少安
英雄鎮宅丁財旺

地址：厦门市思明区定安路大字酒巷 25 号

· 兰琴古厝

只要在巷子里邂逅它，很少有人不为它驻足。古厝大门两旁的抱鼓石、青草石雕，似有着特别的魔力。哪怕只是趴在玻璃门上向里边窥探，思绪也会瞬间被勾到百年前。

兰琴古厝据传始建于明万历年间，距今已有 400 多年的历史，是如今厦门地区保留完好的极少数古厝之一，于 2018 年装修为酒店。二进三开红砖大宅院，处处精致，处处用心。当年修建兰琴古厝的时候，木雕、石雕所用的原材料都由漳州和泉州运送而来，红砖金瓦来自江西，梁木地板是由闽江上游运来，用料讲究又奢华。厝内花木葱茏，茶香袅袅，琴音悠扬。人间乐事，不过是心无闲事，把盏一杯。

閩南戴德

閩南戴德

惜田

· 张夜合大厝

张夜合大厝建于 20 世纪初期，主人颇有传奇色彩。张夜合父亲早逝，家庭条件非常艰苦，他从很小的时候起便挑起家庭重担，将讨小海所得卖给莲塘陈氏家族以帮衬家用。莲塘陈家看张夜合勤劳肯干，便带他到南洋务工。张夜合不负众望，在越南白手起家，相继开办了多家米行、铁钉厂、码头运输行等，积攒起千万资产。20 世纪初期，他携资回乡建造大厝，同时乐善好施，扶持乡里。

这座大厝为两落双护厝、“大六规”，红砖为墙，屋顶呈双燕尾式，中间开口通风。因大量使用泉州白花岗岩，所以在众多红砖古厝中别具一格。更为独特的是，大厝的后厅墙壁上留有具时代性的标语、“侦察园地”黑板报，以及许多用毛笔书写的姓氏。这是因为解放战争时期大厝曾驻扎过一批又一批的解放军。战事激烈，战士们一旦出兵，当天能否平安归来全是未知数，于是他们将自己的姓都留在了这面墙壁上。张氏后人保留着这面墙，是对解放军的敬重、对历史的铭记。

地址：厦门市海沧区柯井社 27 号

· 同安孔庙

“天不生仲尼，万古如长夜。”同安孔庙是厦门地区唯一的孔庙，坐落于同安东溪西畔。同安孔庙始建于五代，南宋时迁至今址，朱熹任同安主簿时增建了经史阁、教思堂、苏公祠和志道斋。在漫长的岁月中，建筑被毁又重建，文脉始终绵延不绝。现存的孔庙建筑多为清乾隆年间重建，是闽南台湾系传统四合院式庙堂建筑，现存建筑群占地面积6000多平方米，建筑面积1400多平方米。

这座祭祀孔子的完整大型的古建筑，血统里有着浓浓的闽南元素。戟门叠顶双燕尾脊，两侧廊庑为单条燕尾脊。主殿大成殿是抬梁式结构，重檐歇山顶，面阔五间，进深四间。其他建筑为硬山顶、花岗岩条石墙基、红砖窗。

孔庙内还有苏公祠和林公祠。苏公祠供奉的是出生于同安的宋代著名科学家、政治家苏颂。林公祠供奉的则是同样生于同安的明代理学名宦林希元。林公祠的水车堵、垂拱都有精美彩绘。苏公祠为硬山顶石木结构，今仅存正厅，建筑风格为清代。厅内尚存清以前所立的苏颂神位碑，还有清嘉庆年间重修碑记一方。

地址：厦门市同安区三秀路216号

· 莲花同字厝

同字厝是近代同安军阀、“土皇帝”叶定国的故居，建于 20 世纪 30 年代初。从上往下看，建筑整体呈现一个完整的“同”字造型，故名同字厝。同字厝占地面积约 2000 平方米，解放后收归政府使用。

同字厝精工细作，保存完好，门口的石狮子雄赳赳气昂昂，红色烟炙砖色泽艳丽，水车堵、马鞍墙皆有彩绘、泥塑。主屋前落为硬山布瓦顶金字脊，面阔五间，深三间，门面霸气。前栋建筑四周皆有连廊。后栋建筑为二层欧式小楼，面阔九间，进深一间。前后进有天井相连，天井中到后进处设有二层的廊楼，廊楼连接着后栋建筑。廊楼上部被漆成宝蓝色，非常亮眼。整栋房屋在重要地方还设有枪眼用于防卫。

地址：厦门市同安区莲花镇垵柄村

719
陈期益
陈期杆
宅

· 曾厝陈氏古民居

曾厝村是著名的侨乡，据传，村人都是金门下坑村陈氏族人的后裔，曾厝陈氏古民居就坐落于此。就像经过统一的规划，村里 50 多栋百年古厝排列有序。大部分古厝以杂石或卵石为墙体主要材料，上部分为红砖包墙，同样有精美的砖雕、石雕、木雕和彩绘，人们把对家族的美好祝愿和对后人的期许含蓄地表达其间。

其中，陈期盘洋楼建于清末。坐南朝北，为三层楼阁式民居，面阔四间，进深一间，楼高 9.1 米。此建筑原为全村制高点，楼房四周布设枪孔，二层厅堂中央为活动的镂空楼板，具有较强的军事防御功能。

地址：厦门市翔安区内厝镇曾厝村

· 吕塘古厝

吕塘村始建于宋，这里至今仍有600多岁的古松林，原村名叫“蓬莱”。它的灵秀得到过南宋理学大师朱熹的赞誉，朱熹担任同安县主簿时曾多次游览吕塘，陶醉于这里的旖旎风光。岁月悠悠，吕塘村内养在深闺的古厝群仍保存较好，与周围环境共生。

吕塘古厝是具有闽南古建特色的“九架厝”，这种古厝通风透气、除潮凉快，又避雷、防风、防震。虽然“九架厝”外观看起来一样，里面却各有不同，可分为单进式、二进式和三进式等。古厝面积大多有160平方米以上。明清时期这里出过很多进士和举人，于是每户人家都以自己的审美为每一栋古厝留下了家族符号。

地址：厦门市翔安区吕塘村

美丽
吕塘

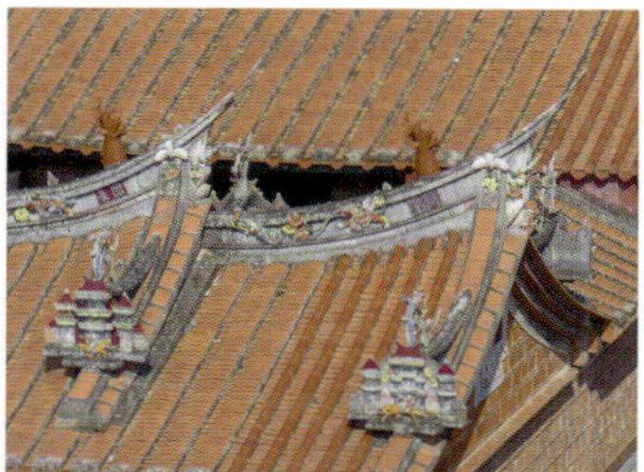

全季酒店
中華城

第二章 厦门骑楼

上百年来，数以百万计的中国人背井离乡，前往海外陌生的土地奋斗打拼，用勤劳奋进、扶持包容的精神开创了一片天地；而根植于血脉里的爱国爱乡之情又随着海潮，不断地涌回故乡。厦门从一个小渔村蜕变成为中国沿海的中心城市之一，华侨功不可没。

建筑是文化载体，更是心灵归宿。华侨们回乡修路盖房建学校，用自己的力量让故乡人民感受新风，推动故乡和世界接轨。如果说闽南古厝对后人的庇护体现在“聚”，那么骑楼街道的建设则是“放”，是沟通，是海纳百川。

中西合璧、充满异域风情的骑楼建筑群，打开了含蓄的闽南人虚掩的心门。这种下店上住的外廊式建筑源自西方殖民者在南亚、东南亚地区所建的“廊房”，经由东南亚华侨传入我国，它既可遮风避雨，又提供了购物和休闲空间，让当地人在商业交往和邻里接触中，有了越来越宽广的心胸和积极开放的思维。

厦门骑楼作为近代骑楼建筑中的一个重要代表，是西方文化早期进入中国的建筑样本，也是闽南骑楼的发源地。温良勤奋的厦门人民用“五横三纵”的道路，如网格般将骑楼划分成一块块区域，每一块区域的建筑立面和生活功能，都有它独特的性格和语言。更有趣的是，厦门的骑楼街区大多靠着港口，尤其是“五横”（东西向）的街道，西侧都通向美丽的大海，助力了城市商贸繁荣。

骑楼承载着历史。1938 年日军践踏厦门，主要骑楼街道伤痕累累。新中国成立后，厦门市政府多次对骑楼街道和骑楼立面进行翻新和修护，令它重展笑颜，见证城市的蜕变。

五横（东西向）

· 开元路

开元路于 1920 年开建，被称为厦门“第一条路”，起于厦禾路止于鹭江道，全长不到 800 米，却是厦门第一条近代化马路，因开创厦门近代市政道路建设先河而得名。

1920 年前的厦门，城区道路基本称“街”或者“巷”。民国成立后，原本落后的市政设施已较难适应厦门作为港口商埠的发展需要。1920 年，当地士绅林尔嘉、陈培锟、黄奕住等有识之士提倡兴办市政，开元路于当年 12 月开建。1924 年，人力车通行；1926 年，铺设水泥混凝土路面……这条近现代化马路，开启了厦门新的繁华，各种商行、百货应有尽有，著名爱国华侨陈嘉庚主营橡胶制品的公司、马来西亚华侨丘明昶的进出口贸易公司都在此设立办公点。当时无论男女，都喜欢去开元路游玩，开元路也成为各派政治势力展示力量的舞台。

开元路也是厦门第一条骑楼式街道，以三层骑楼为主。这种建筑根据厦门亚热带气候特点而建，仿英国“麦加顿”式建筑，形成了遍及整条开元路的骑楼街市。骑楼一可遮阳，二可避雨，还可以当作人行道有效避开车辆，人行其间，无论风雨毒日，皆可悠然闲逛。

厦门特色小吃
开元路

如果说，当年的开元路是最时髦的女子，那么历经百年风雨，她已变成内敛端庄的温婉妇人。这里的骑楼形态较为朴素，偏向现代主义风格，装饰图案较为简单。骑楼廊柱以古典风格柱式为主，后期改造出现现代方柱。骑楼整体以灰白色、灰色、米黄色等浅色系为主，部分为砖红色。据考证，灰白色是由于抹灰刷浆或拉毛处理，这样做成的墙面比较容易反射热量，因此受到建造者的偏爱。极少几处骑楼在后期改造时，墙面被粉刷为亮黄色、淡黄色、粉色或橙色，像是妇人衣橱里为数不多的亮色。

全国知名的菜市场“八市”紧邻开元路。在这里，你可以看到鲜活蹦跳的各式海鲜、分类细致的调料香料，还能吃到滑溜溜的土笋冻、甜滋滋的满煎糕、热腾腾的五香条、香喷喷的肉松等，体验自助餐似的厦门盛宴。

中華城

• 中山路

一提及厦门，许多人最先想到的除了鼓浪屿，便是中山路，它是厦门最负盛名的商业街。中山路位于厦门市思明区中华街道，是为了纪念孙中山先生而命名，日伪时期曾更名大汉路，光复后恢复原名。这条路始建于 1925 年，全长 1000 多米，两边是南洋风格骑楼建筑。2012 年 6 月，中山路荣获“中国历史文化名街”的称号。

中山路的骑楼立面形制规整，同一样式的骑楼的水平向连续性较高；壁柱则强调纵向线条，层数以三层和四层为主；廊柱跨度宽，走在其间，视野开阔。有的骑楼楼身花纹精巧，有花篮纹、弧形纹、卷草纹等等，被漆得五颜六色的联排窗，背后像藏着一个个神秘的故事。20 世纪很长一段时间里，这些骑楼高层都还不是商场，而是本地居民的住家。从大窗户往外望，能看到人车熙攘，一派热闹景象。你在看风景，亦是别人眼中的风景。中西文化的碰撞交融，在寻常烟火间留存。

行走在如今的中山路上，流光溢彩的LED夜景、琳琅满目的闽台特色小吃、优美雅致的街心花坛，让人目不暇接。鹭江宾馆、黄则和花生汤店、金鹭首饰、光华药店、新华书店等老品牌，像等待孩子归家的老人，而一些新品牌则如雨后春笋，吸引着年轻人拍照打卡。不仅如此，中山路还洋溢着文艺气息，郁达夫下榻过的天仙旅社，仍在注视着来往的人群；中国历史上最后一位钦点武状元黄培松奉旨兴建的江夏堂，里面精美的藻井依旧缤纷如万花筒。时光交织成的七彩画面，每一帧都值得人们驻足品味。

这是一条通向海的街道，与“海上花园”鼓浪屿遥遥相望，就如人们所梦想的一般诗意浪漫。走在这条百年老街上，生活的杂乱似被轻轻揉碎，融入明媚天光。

江夏堂
传承良好家风
弘扬廉洁
祖德
厦门江夏堂家规家训馆

黄远堂

周大福
CHOW TAI FOOK

• 思明东路、思明西路

思明东路、思明西路是一条全长尚不足 700 米的横线，被一座造型别致的电影院分成东、西两段。作为分割点的地标建筑思明电影院曾名思明戏院，于 1929 年初开业，占地 840 平方米，中央塔楼六层，是浓厚的美国装饰艺术风格和骑楼元素结合的建筑。抗战胜利后，该建筑外观略有变化，立面新增了由五个圆形组成的三角造型，形似放映机上的胶片。实际上，如果你来到这座电影院门前，就会发现，在这个交叉点还有思明南、北路垂直于思明东、西路。四条街道都以“思明”命名，是因为这两个字蕴含民族英雄郑成功抗清复明、“思念大明”的心境。

思明西路起于思明东路，止于大中路，始建于 1926 年，长 284 米。日军侵占厦门时期，大部分日本人及日籍华人均在此经营活动，故此路和大中路一样曾被称为“日本街”。思明西路 64 号的民主大厦，在当时被日本人占为柏原旅社，常有日军头目等出入。1941 年 10 月 26 日，闽南的爱国志士汪鲲、苏群英在这附近刺杀了侵华日军华南情报部长泽重信，给了侵华日军当头一棒，极大地鼓舞了抗战的士气。

思明东路起于故宫路，止于思明西路，始建于 1926 年，长 414 米。如果你在其他路段被喧嚣迷了眼，躲进思明东路，立刻能收获一片清净。两边的骑楼朴素规整，居民在骑楼顶上种的花草探出脑袋向你点头示意。这里的第七市场至今还是厦门传统市场的模样，其中还保存有市场初建时设立的拱券门。

台湾小吃街

鼓浪屿®
Tel:8080808
馅饼|伴手礼
厦门老八市闽台特产批发部
海鲜特产干货
传统手作

新厦虾面
新厦虾面

福建小吃名店
佳味再添

· 大同路

大同路以孙中山“天下为公，世界大同”的政治理想命名，长 1099 米，起于新华路，止于海后路。这条路始建于 1929 年，1930 年竣工。至 1932 年，千余米的路段上有商铺 350 余户，其中以百货、绸布和金银业最负盛名。厦门曾经的三大百货商场南泰成、永康成、捷克皆设于此，与横竹路交会处的十字路口则是同英布店、建成百货、瑞芳参行、光大参行四足鼎立。到 1948 年，全市银楼近乎一半聚在大同路上。

大同路的一头通向大海，是海外华侨进出厦门口岸的必经之地，加上毗邻邮局、海关，于是盛极一时。这里有厦门总工会旧址，主体两层、局部三层的红砖大楼如鲜艳的火炬；这里有缅甸侨商曾上苑创办的大千旅社，留声机的余韵似乎还在空气中回旋；这里有印尼华侨李传别收购的“胜隆公司”，“辉记五金”曾在里边闪烁亮眼光芒。

骑楼冲破了住家单门独户的束缚，变成大众共享空间。走在现今的大同路上，骑楼下的阿伯阿姨们仍会摆起“茶桌仔”品茗“话仙”，孩子们会在其间玩耍嬉笑。附近的上班族也会在早晨的宝贵时间里，匆匆在路上寻找鸭肉粥、芋包、扁食、拌面、面线糊、冬粉鸭、韭菜盒等早餐。岁月在这里就如厦门本土的铁观音茶，带着醇厚的沉香。

大同路的骑楼多为实墙型女儿墙，较为简约，但是 64、66、68 号顶层的罗马建筑风格亭子，令人恍惚间如到了地中海畔一般。

作为装饰最丰富的骑楼街道，这里的骑楼装饰整体上以几何形为主，几何形装饰图案偏向现代主义风格。墙面有米黄色、米灰色、米粉色、米白色等多种暖色系色彩，偶有砖红色、橙色和蓝色出现。

厦影文化

厦门总工会旧址
社会主义核心价值观
68

厦门大学附属
第一医院鹭江分部
中医骨伤专科
针灸科 口腔科
内科 中医科

明月虾面
电话:2028139

大同鸭肉粥

厦禾总店
老蔡特
各种精美卤味

· 厦禾路西段

如果你是吃货，那么厦禾路西段是必打卡之地。短短的 500 余米，共有劳松扁食、明月虾面、浮屿大同鸭肉粥、开禾沙茶面、麻糍等 22 家特色小吃店。漫步在骑楼下，将生活的风吹雨打暂时隔绝在外，身旁热腾腾的小吃是对自己的慰藉。

厦禾路西段始于鹭江道，止于开元路口，始建于 1928 年。昔时整条厦禾路的骑楼段约 2.3 公里长，由于旧城改造及道路拓宽，今日骑楼风格的街道仅存西段 500 余米，且只有一侧有骑楼建筑。骑楼多为三层，人们步行其间，能感受到丝丝缕缕阳光。这里的女儿墙以栏杆样式为主，其中宝瓶型所占比例最大，宝瓶型栏杆样式丰富，多使用西方元素。檐口形式较简单，形态整体上趋于简洁。骑楼立面以复杂而精美的花纹装饰为主，装饰图案偏向西方古典主义风格，颜色整体以灰色和灰白色等冷色系为主，部分为砖红色和紫红色。

三纵（南北向）

· 思明北路、思明南路

思明北路起于厦禾路，止于思明南路，始建于 1927 年，长 766 米，“后海滩”“内海滩”为其旧称。思明北路与厦禾路交会处的十字路口一带，现在多称为“思北路口”，旧时称“浮屿”。浮屿是近代厦门城市建设的起点，厦门的几条主干道在浮屿交会，使得浮屿成了市区交通的枢纽点。历史上的思明北路一直都扮演着老厦门有名的休闲娱乐一条街的角色。如今的思明北路，骑楼立面被漆成温柔的奶黄色，人们行走其间，不时被街两旁的巷子吸引，不自觉进行新的“探险”，往往有意想不到的收获。

思明南路起于思明北路，止于厦门大学，始建于 1928 年，长 2774 米。在很长一段时间里，思明南路是厦门市区最长的路，并且还被一段铁轨切开。思明南路沿线老街巷留存不多，不少街巷在旧城改造中消失了。其中大生里段是骑楼风格保留得比较好的路段。这里的骑楼立面形制规整，连绵的水平线被刷成嫩绿色，墙面则被刷成奶黄色或淡粉色，搭配鹅黄或葱绿的窗框，十分养眼。路两侧的骑楼将天空分割成一条小溪，行人如鱼，数十年在这里谱写自己的故事。由于道路狭窄，为了节省空间，路灯均装在楼面上。路的尽头是闻名遐迩的厦门大学，古老与新生交汇于此，碰撞出迷人风情。

luckin coffee
luckin coffee

美丽

· 开禾路、横竹路、镇邦路、水仙路

这几条路在同一条纵线上。其中开禾路起于厦禾路，止于开元路，长 350 米；横竹路起于开元路，止于大同路，长 102 米；镇邦路起于大同路，止于中山路，长 398 米；水仙路起于中山路，止于鹭江道，长 126 米。这几条路上的骑楼基本以涂料饰面，几何形墙面装饰的形式较厦禾路、开元路、大同路等复杂，细节多，立体性强。

如果说厦禾路散发出浓郁的现代商业气息，那么开禾路则依然保留着浓重的乡土气息。而一座教堂的存在，见证了旧时光里厦门就是包容多样的。19 世纪 50 年代外国传教士在此建立了基督教竹树堂，首创采用闽南语和普通话的双语布道，这是中西文化融合的生动案例。

横竹路骑楼墙面多为灰白色，岁月的冲刷，让时光的痕迹在这里定格。也许它跟不上潮流，但仍不动声色地庇佑它的儿女，书写平凡中的别致。

镇邦路一带的骑楼较有观赏价值。电影《疯狂的赛车》曾在此取景拍摄。街道两侧均有骑楼建筑，骑楼体量较大，基本上以四层为主，间或出现五层、六层乃至六层以上的骑楼。这里的骑楼大多没有女儿墙，而有女儿墙的骑楼其山花以拱形居多，形式颇具现代主义风格。挑檐型檐口比例达到 90% 以上，出挑深度较大同路的骑楼更深，立面整体立体感强。立面装饰大多为几何形，图案复杂，具有现代主义风格。墙面以褐色、灰色、土黄色等深色系为主，少有砖红色、白色。

水仙路两旁都是二到四层的骑楼建筑。当年这条路曾经是厦门港口最聚人气的地方，茶行、酒楼、钱庄俱全，也推动了海峡两岸的交流。如今的水仙路繁华褪去，但路口一幢青石灰的别致骑楼仍可让人瞥见当年盛况。

喜逢甜汤
喜逢甜汤

竹樹堂

· 鹭江道

走在如今的鹭江道上，你能在瞬间体验“凌波微步”，因为你脚下的这片土地曾经是海水和滩涂。鹭江道建于 1929 — 1932 年，北起厦禾路，南止于和平码头，当时全长 1100 多米。鹭江道为交通枢纽，一头可通厦门港口，另一头可通厦门东渡新港，中间还与开元路、厦禾路、中山路等主干道纵横衔接，其间曾有十几个码头，见证了 20 世纪厦门货港的鼎盛期。

鹭江道之美，在于时尚。这里有“厦门外滩”的美称，流线型高楼、中西融合建筑、不同风情的餐厅酒吧，就像海滨特有的风，无处不在，无处不撩人。更绝的是隔着鹭江，鼓浪屿在对岸风情旖旎，走在榕树和三角梅营造的翠荫里，每一步都像是梦境。

鹭江道之美，在于古韵。由周恩来总理批准建设、国务院拨款、陈嘉庚先生捐资并参与设计的鹭江宾馆建于 1958 年。这栋有着鲜明嘉庚建筑风格的六层大厦，如今仍是地标性建筑。位于鹭江道中段的厦门一等邮局是厦门第一家邮局，也是中国最早对外营业的邮局之一。邮局为清末租界洋楼的建筑风格，高挺的罗马柱气派威严。保留了 20 世纪初特色的海关钟楼（位于鹭江道 52 号），白色的立面和时钟报时时所播唱的《鼓浪屿之波》，是许多人难忘的回忆。

春光酒店
ICBC

其他路段

· 古城西路

古城西路位于思明东路至中山路之间，为古厦门城的环城道西段，故得此名。2005 年政府对古城西路进行“换肤”工程，将建筑外墙风格和中山路相统一。不同于中山路的人声鼎沸，古城西路安静如处子，但却有两栋三层高的红砖姊妹楼华丽得像美梦。

· 定安路

厦门为丘陵地区，不少街巷多有起伏，定安路就是其中之一，这是条坡道。20 世纪 30 年代，这条路蕴藏着红色星火。定安路 71 号灰黄色的骑楼建筑，是厦门各界抗战后援会会址，彩色的花窗至今明艳动人。改革开放后，定安路小商品夜市盛极一时，入夜，这里时常水泄不通。价格亲民、款式新颖是夜市吸引顾客的两张王牌，全身行头都能在此置办。如今，路口的老虎城仍拥有不少客流，续写着新的辉煌。

· 大中路

大中路南起中山路北至镇邦路，全长500米左右，因介于大同路和中山路之间，故得此名。路两旁大部分为骑楼建筑，因城市建设，立面多被漆成粉白、粉黄色，视觉效果干净统一。大中路15号为国民政府侨务局旧址，31号、33号为棉布公会旧址；86号、88号的四层洋楼，拱形门装饰和铁艺栏杆别具一格。作为一条历史悠久的老街，它见证了厦门沦陷时期的乌云密布和爱国志士保家卫国的壮举，如今的岁月静好或许是它最期待的样子。

· 故宫路

故宫路长 981 米，北起湖滨南路，经厦禾路，南拐西至思明东路。故宫路旧时俗称“慈济宫路”“围仔内”，因这条路上曾有包括祭祀妈祖、保生大帝的慈宁宫在内的许多庙宇。这些宫庙现已湮没在岁月里，唯余一座朝天宫，低调地藏在沿街店铺里。

这条路上的“显眼包”当属 68 号别墅。别墅于 1927 年建成，高两层，红白相间，白色外墙上的复古雕花，散发着与质朴老街不同的奢华感。

臺灣公會

蟹黄汤包

• 新华路

新华路建于20世纪二三十年代，起自大同路、思明东路、故宫路交会处，止于镇海路，全长600多米，经过厦门古城核心区，贯穿古城腹地。位于路中段的厦门市公安局曾经是福建水师提督衙门所在地，清朝的靖海将军施琅、抗英名将陈化成等，都曾在此办公。

公安局斜对面的白色建筑曾为台湾公会会所，建成于1930年，这里古榕郁郁葱葱，青苔石阶，终年阴凉。边上的邮局大楼为原城隍庙遗址，新华城为原玉屏书院遗址。历史风流尽去，只余故事传唱。

照片冲洗
图文快印
星祥祥服装

· 民族路

民族路起自镇海路，止于大学路，与寿山路、碧山路、成功大道相交。这条路似乎将旧时光凝固，至今仍能寻到一些老味道、老铁门、老信箱，还有老的生活方式。在民族路上，始建于 1937 年的鹦哥楼是最独特之所在。这座建筑本名“南薰楼”，因楼顶有一鹦鹉展翅的雕塑而被民间称为“鹦哥楼”。主体三层、正面五层的鹦哥楼曾是厦门第一高楼，也是老厦港唯一一座南薰楼式建筑，楼顶展翅的鹦鹉、气派的罗马立柱、沉稳的红砖、顶楼的中式凉亭，无不令人叹为观止。

海峡电商园

· 大学路

大学路位于民族路至环岛南路之间，建成于 1932 年，因道路经过厦门大学而得名。

这是一条颇有文艺情调的路。背山面海的厦门大学里，白衣飘飘的少年和火红的凤凰花是许多人的白月光和朱砂痣。靠近民族路的一段，两侧乳黄色的骑楼建筑，入夜后像一张张发黄的信笺。不同风格的书店亮起橘色的光，沙坡尾的渔舟和顶澳仔的猫，等待着游人分享自己的故事。还有城市地标双子塔，灯光比银河更璀璨。这里的风夹杂着海的味道，每一家店都有自己的匠心。

· 华新路、公园西路

中山公园西门附近有近百栋老别墅，主要由 20 世纪南洋归国华侨建造。漫步其间像走进时光隧道，每一栋别墅都像一本书，等待着游人细细品味。这里很幽静，似乎唯一喧闹的是花树和果树：宫粉羊蹄甲常年开着粉色的花，菠萝蜜挺着圆滚滚的肚子，金黄色的炮仗花开成满墙的花瀑。这些花树果树掩映着各具特色的别墅，你能从街上窥见庭院里的茶

桌、白纱帘后面颇具异域风情的装饰家具，还有一些刻在门楣上的对联，直抒胸臆地诉说传家百年的密码。入夜，附近的“烧酒配”自在闲适。穿着背心大裤衩，在青石人行道上支开小桌子，往椅子上一坐，身旁是透明冷柜，能看到各种卤料、盐水腌制的肉类和凉拌小海鲜，想吃什么用手指指，就能切得细细片片地送到你面前。就着小酒，沉醉就在一瞬间。

第三章 嘉庚建筑

一个人，一座城。

被毛泽东誉为“华侨旗帜、民族光辉”的陈嘉庚先生，不仅是一位实业家、教育家、慈善家，还成为一种精神的代表。

许多人被厦门吸引，源于集美学村和厦门大学里“穿西装、戴斗笠”的嘉庚风格建筑。嘉庚建筑是嘉庚精神的载体。这种建筑将传统闽南风格的燕尾脊、红砖墙与西洋风格的高石柱、花窗套融为一体，是厦门城市建筑风格、城市文化不可或缺的部分，是陈嘉庚先生对祖国强盛最深切的祝福。

建筑活化往昔，也启迪未来。游走于这些精美的建筑中，仿佛穿梭于历史的书页间，抬首低头，一檐一砖，见证百年来的风雨历程。陈嘉庚先生虽然不是专业建筑师，但他设计、监造的集美学村和厦门大学建筑，因美观大方、典雅庄重、坚固科学、风格独特而享誉海内外。如何让教学楼再宽敞一些、再实用一些、再坚固一些，如何让更多的学生入学、让师资更强大、让学生有更大视野，是嘉庚先生一生追求的课题。2006 年，以厦门大学群贤楼群、建南楼群、芙蓉楼群和博学楼，以及集美学村的允恭楼群、南薰楼群、南侨楼群和以葆真堂为主体的“嘉庚建筑”，被国务院公布为“全国重点文物保护单位”。这些在特定历史时期拔地而起的嘉庚建筑，对今天乃至未来的厦门建设，都有深远的影响。

嘉庚建筑的灵魂，是爱。是爱国爱乡，是爱生爱民。每一栋嘉庚建筑，命名都极具文化内涵，深含教化，它们不仅是场所、景观，更是精神的凝固。

厦门大学

地址：厦门市思明区思明南路 422 号

· 建南楼群

建南楼群位于厦门大学半椭圆形的运动场“上弦场”旁，是厦大标志性建筑之一，由陈嘉庚先生亲自设计督建。建南楼群由“一主四从”五幢楼组成，主楼为建南大会堂，东侧为南光楼、成智楼，西侧为南安楼、成义楼。五幢楼排列成弧形，巍然矗立在山坡上，正面向南俯瞰大海。陈嘉庚先生曾满怀激情地说：要让外国的轮船来往厦门港时，能从海上一眼就看到一所壮观的学府！

建南楼群皆披红瓦，这些红瓦称“嘉庚瓦”，是经陈嘉庚改良、取闽南红壤为原料所烧制成的瓦，色彩橙红鲜亮，成本低廉，坚固耐用。不得不说，嘉庚先生还是位美学大师。蓝天、碧海、金沙、绿树、红瓦，这些元素的融合，让建南楼群远观如天上宫阙般夺目壮丽。

建南大会堂前部为四层门楼，后部为礼堂主体，整个大会堂可容纳约5000名观众。堂里原配的木椅采用南洋的一种特有木料制作，几十年来依然牢靠如初。大会堂前部门楼左右对称，屋顶为双翘脊重檐歇山顶，脊尾呈燕尾式，屋面铺绿色琉璃瓦，传统宫殿形大屋顶和欧式花岗岩墙身中西结合。闽南传统的灰雕泥塑及木雕垂花装饰，盛开在山墙及屋檐下。一层主入口门厅矗立着4根西式廊柱，柱高8米，以花岗岩精雕细琢而成，线条层次丰富多变，蕴藏浓厚学院派气息。

南安楼、成义楼、南光楼、成智楼均为三层建筑，结构和形制基本相同。内廊式布局通透明亮，墙体用白花岗岩和红砖砌筑出不同的造型，突出了建筑的量感与美感。楼面为木结构上铺红色斗底砖。屋顶为双坡顶，面铺红色机平瓦。山墙开拱形窗，角柱作“出砖入石”装饰。“面朝大海、春暖花开”，是在这些楼群中往来求学的学子们司空见惯的场景。

· 群贤楼群

从厦大西校门入校，左手边一组建筑夺人眼球，那便是群贤楼群。群贤楼群是厦大建校之初的第一组建筑，包括主楼群贤楼，以及相互对称的同安楼和集美楼（楼名取自地名）、囊萤楼和映雪楼（楼名取自囊萤映雪的勤学典故）。五幢楼一字排开，同样采用“一主四从”布局。群贤楼前是陈嘉庚先生塑像，挺拔的棕榈树、木棉树如伟岸的哨兵。

群贤楼采用典型的嘉庚建筑风格——“穿西装、戴斗笠”，即楼体为西式，屋顶则是中式建筑风格“三川脊”（三川脊指在完整的屋顶上，将正脊中间一段抬高，并在抬高的两侧增加垂脊）。群贤楼中庭主楼高三层，两侧护楼高两层，均为石木结构，绿色琉璃瓦屋顶，白色花岗岩屋身。楼名取自王羲之《兰亭集序》“群贤毕至，少长咸集”，由时任校长林文庆手书刻碑。

同安楼、集美楼风格同样偏中式，楼高二层，均为石木结构，绿色琉璃瓦屋顶，白色花岗岩屋身。囊萤楼、映雪楼也为石木结构，不同的是红瓦白墙，风格则趋于西式。整个群贤楼群的总体建筑风格中式为主、西式为辅，体现陈嘉庚先生对民族精神的崇尚和强调。

这样的建筑形态，诠释的是嘉庚先生的世界视野和精神境界，创办厦大时，他的办学思想已经从之前的“救国”发展到“强国”。也许正是应了“群贤”的名号，群贤楼群自建成起便群贤毕至，鲁迅、林语堂、顾颉刚、孙伏园等名人均曾在此讲学，福建省第一个中共党支部则建立于囊萤楼，革命的星星之火从这里开始燎原。

走在群贤楼群之间的回廊上，绿树掩映红窗，身侧是校史馆、现当代文学馆等历史文化展馆，脚步都不自觉放缓。大学之风，日日醉人。

鲁迅纪念馆

· 芙蓉楼群

住在文物保护建筑里是什么样的体验？在厦门大学芙蓉楼里生活的学生最有发言权。2006 年，芙蓉楼群和群贤楼群、建南楼群被评为“全国重点文物保护单位”，后又入选首批“中国 20 世纪建筑遗产名录”。

芙蓉楼群承载了无数人的青春。绿树浓荫里，她是红妆的少女；凤凰花燃上枝头时，她是簪花的贵妇。楼前芙蓉湖里的黑天鹅，见证过许多学子的喜怒哀乐；楼体的每一块砖头，可能都曾被学子抚摸过。

芙蓉楼群因陈嘉庚先生的女婿李光前先生之祖籍而得名，是嘉庚风格建筑走向成熟的标志。芙蓉楼群与其他嘉庚建筑严谨强调主从关系的“一主四从”格局不同，以芙蓉湖为圆心来组织建筑群的整体形象，形成半合围形。

芙蓉第一、第二、第三楼，外廊式立面为红砖清水墙，两侧和背面为清水条石砌筑。芙蓉第一楼屋顶主体为硬山顶，角楼为歇山顶；芙蓉第二、第三楼门楼及角楼为歇山顶，两翼为硬山顶。脊尾呈燕尾式，屋面均铺绿色琉璃瓦。角柱作“出砖入石”装饰。楼面正中造型别致的女儿墙镶嵌石刻楼牌名碑。拱券、栏杆及窗套均为西式装饰。楼道尽头是铁门，铁门上的花纹亦带着异域情致。斜阳照射，走廊被镀上金色，像炫目的青春。

芙蓉楼周边的芙蓉隧道和芙蓉湖也都是厦大的著名景点，生活在此，日日与书香清风相依相伴。

• 嘉庚楼群（颂恩楼群）

如果问厦门大学上镜率最高的地方是哪，那一定非嘉庚楼群莫属。隔着芙蓉湖从楼群的对面欣赏它们，天的蓝和湖的碧就像余光中笔下的诗句。楼群倒映在湖心，也嵌入了许多人的心湖，黑天鹅悠然而过，划出内心悸动的涟漪。

2001 年落成的嘉庚楼群是厦门大学嘉庚风格建筑新的标志性作品，设计沿用了陈嘉庚先生的“五金定位”“一主四从”布局手法，沿博学路呈线性布局。嘉庚楼群主入口处设置了大台阶，台阶前是面向芙蓉湖的嘉庚广场。广场沿中心主轴线对称，前方弧形凸出，伸入芙蓉湖。各类校园文化活动在这里举行，定格了许多人的青春。

主楼嘉庚三号楼（颂恩楼）为方形塔楼，高二十一层，体现“面向 21 世纪”的意蕴，是校园中心最高建筑。立面四面对称，造型运用传统的塔楼手法，有基座、塔身和塔刹，四角楼相拥，上方略作弧线收分。顶部为四坡锥顶，卷刹出檐，屋脊是高耸向上的弧形翘脊。红瓦坡顶、重檐错落、楼栏悬空的主楼，和厦门大学的其他建筑一样，依旧体现了嘉庚建筑中浓烈的中国元素。

四座从楼各为六层，造型基本一致，与主楼相邻的两座从楼与主楼间有连廊相通。四座楼拱卫主楼，同时也成为高层主楼与校园其他低层老楼之间的协调过渡。

尊重历史、一脉相传、兼具创新，这样的设计使嘉庚楼群成为兼具嘉庚风格和时代特色的现代建筑。

集美学村

· 延平楼

地址：厦门市集美区鳌园路 27 号之一集美中学内

如果你想体验坐在高高的石阶上、在 200 多年老榕树树荫的庇护下看海看渔舟，那么坐落在今日集美中学校园内的延平楼绝对是你最好的选择。在这里，时光仿佛被拉长成细腻绵长的蚕丝，给你最舒适的触感。

延平楼建于1922年，原为集美小学校舍，这里曾诞生过中共集美小学支部。1938年，延平楼被日寇炮弹炸毁，1953年由陈嘉庚先生主持在原址重建，1964年划归集美中学管理使用。延平楼平面呈凹字形，中部五间高四层，两侧各五间高三层，上覆五个绿琉璃瓦悬索燕尾脊歇山顶。外廊采用梁柱式，白石红砖相间成趣。门楼与角楼也以红砖封壁、白石在转角做装饰性镶嵌，角楼内侧以异形红砖拼成各种精美、复杂的装饰图案。这些充满智慧的尝试，不仅比普通抹灰饰面更能抵御风雨侵蚀，还有更好的抗破坏能力与自洁性。一扇扇饰着湖绿色窗棂的窗子就像一只只眼睛，散发出一股力量，吸引人入内求知。

延平楼所在位置是当年郑成功固守集美时的古要塞“延平故垒”。陈嘉庚先生在此建楼并以要塞名为楼名，正是为了纪念和发挥民族英雄郑成功的爱国精神。如今，这里尚存石构寨门和一门铁锈斑驳的古炮。嘉庚先生还因地就势，利用山丘坡地，用花岗岩砌成三大层24级阶梯，作为海滨游泳池的看台，这个游泳池也被命名为“延平池”。

· 尚忠楼

地址：厦门市集美区集美街道石鼓路 78 号集美大学财经学院内

在集美，有一组被人称为“胜于《哈利·波特》系列小说里魔法学校的建筑群”，那就是坐落于今日集美大学财经学院里的尚忠楼群，它们是嘉庚建筑的起点之作。尚忠楼群规模庞大，主楼尚忠楼居中，敦书楼和诵诗楼分立左右两侧，呈半合围状。

“尚忠”楼名出自《论语》，蕴含陈嘉庚先生兴学育人的价值目标以及对莘莘学子的殷切期望。该楼建成于 1921 年 2 月，时为集美女子师范学校教学楼，背面楼顶仍可见“女子师范”四个繁体字。那个时代，女子上学是一件稀奇且不被人接受的事，尤其在较为封闭的闽南。为打破重男轻女的封建思想束缚，陈嘉庚先生大力提倡女子上学，在集美学校设立女子师范部，招收女子师范讲习科和预科学生。尚忠楼建成，集美女子师范开学，男女教育在集美学校得到同步发展。

历史烟云里，尚忠楼艰难又执着地守卫着许多学子的求学梦想。抗战期间，尚忠楼在日军飞机轰炸中受损，1946 年修复后改为集美高级商科学校教学楼；1949 年 11 月遭国民党炮击再次受损，1951 年再次修复。

尚忠楼楼体中座四层、两侧三层的造型，像一位王者霸气地坐在沙发上双手摊开，楼内房间有上百个之多。坐北朝南、一字形的架构使走廊及房间的通风采光俱佳。建筑外墙以红色清水砖为主，花岗岩作装饰镶砌，内部为砖木结构，每一层廊体以大小拱门装饰。屋顶为西式双坡顶，外廊部为平顶，屋面铺红色机平瓦。门楼、山花、拱券、栏杆及窗套均为西式装饰。

· 南薰楼

地址：厦门市集美区鳌园路27号集美中学内

南薰楼是我国现代建筑史上内涵极为丰富的经典之作，也是嘉庚建筑的巅峰作品。“南薰”二字取自传说为舜帝所作的《南风歌》“南风之薰兮，可以解吾民之愠兮”，寓意陈嘉庚先生一生兴学造福人民的伟大理想。

从厦门岛内坐车到集美，在跨海大桥上远眺，最先映入眼帘的就是南薰楼。建成于1959年的南薰楼布局呈Y字形，由一座十五层的主楼及两座六层的副楼组成，为当时厦门第一高楼，哪怕到现在，它依旧是龙舟池畔最高的建筑。绿色的飞檐就像展翅的飞鸟，灵动又英武。

南薰楼为典型的嘉庚风格建筑，楼身为西式，楼顶则以中式亭榭镇峰、嘉庚瓦压顶，表达了陈嘉庚先生一生所追求的“中国强盛，超越西方强国”的理想。

南薰楼依东高西低地势而建，主楼是白花岗岩清水墙面塔楼，从下到上由大变小，每隔几层建筑结构就发生变化，顶层为一座风亭。两座副楼以60° 夹角与主楼相连接。两侧端为角楼，上面建八角亭。细节上，柱头和挑梁等用彩绘泥塑装饰，色彩艳丽，在蓝天碧海间美不胜收。

南薰楼的建造过程并非一帆风顺。其间，曾因建设资金短缺和陈嘉庚先生重病中途停建。当时，已届高龄的嘉庚先生强忍病痛，坚持从北京回到厦门督导巡视南薰楼等的建设，南薰楼也成了他亲自督建落成的最后一座校舍。再有，是20世纪50年代钢材紧缺的问题。嘉庚先生为了节约钢材，首创了以竹筋代钢筋的工艺，即从原来建造所需的三根钢筋中抽出一根，用竹筋替代。后来，在南薰楼的大维修中，发现使用竹筋并没有影响楼房的坚固性。此外，还有地势的困扰。集美学村处于丘陵地带，建南薰楼，照惯例应先将其中一个小山头整成平地再开建，可在靠手挖肩挑的年代，削山头为平地，不但浪费土地，还要多投入大量劳力和资金。嘉庚先生因地制宜，采用东翼单独一地平、主楼与西翼同一地平的设计，创造了一楼两地平的建筑格局。建造南薰楼，陈嘉庚先生留下的不仅是建筑，还有精神。

· 道南楼

地址：厦门市集美区鳌园路 19 号集美中学内

道南楼位于集美龙舟池畔，其名源自《论语》中的“我道南矣”。道南楼建成于 1964 年，虽然是集美学村嘉庚建筑中最迟完工的一座，却是最经典的一座。

汽车奔驰在厦门大桥上，天风海涛间，你很难不被道南楼吸引，尤其是夜晚灯光亮起时，你会猛然明白古诗中提及的琼楼玉宇、天上宫阙所指为何。如果说南薰楼是以高取胜，那么道南楼就是以长见称，楼体全长 174 米，呈九段式分布。其中教学楼部分为五层，角楼六层，居中的门楼七层，以对称排列、纵向错动的办法，辅以不同形的传统屋盖，协调建筑上下比例。主楼顶上金黄的飞檐夺目又协调。除此之外，道南楼的立面在传统的白石红砖中加入青石，远看像给楼做了细致的藤编装饰，极富闽南特色。

最有情趣的是克莱因蓝的窗棂和装饰着黛绿色宝瓶的走廊围栏，你经常能看到一群群中学生倚靠其上聊天看书。楼下的围墙爬着常青藤或炮仗花，背景是红墙蓝窗，那样明媚，是画一样的青春。

陈嘉庚纪念馆

地址：厦门市集美区浔江路 8 号

集美是著名爱国华侨陈嘉庚先生人生最初的起点、最终的归宿，亦是先生诚毅精神的传承之地。在集美浔江路上，集美鳌园景区里，陈嘉庚纪念馆与嘉庚公园、陈嘉庚墓相连。这座现代化建筑融合了高筑台、四面廊、重檐歇山屋顶等闽南元素，与周边的嘉庚风格建筑群交相呼应、和谐统一。

纪念馆最为突出的是那三重檐歇山屋顶，红色琉璃瓦熠熠生辉，传统燕尾脊进行了加工变形，三对燕尾高高翘起，如白鸥振翅飞翔于天风海涛之中。为增加屋顶的轻盈感，在顶部做了“减法”：将坡屋面中心挖去了一块，设置成玻璃采光口，既减少屋顶体量，又增加室内采光。纪念馆分三层，珍珠白花岗岩台阶直通二楼展厅，入口处是一尊手拄拐杖微笑站立的汉白玉陈嘉庚立像。雕像身后是浩瀚苍茫的海天背景，其头顶的天花板则是一幅完整的“星图”，当灯光亮起时，最闪亮的那颗星就是“陈嘉庚星”。展厅以“南洋巨商，矢志报国”“倾资兴学，情系乡国”“纾难救国，民族之光”等为主题，通过图片、实体文物、视频等形式，生动展现陈嘉庚先生忠公、诚毅、勤俭的一生。

华侨博物院

地址：厦门市思明区思明南路 493 号

位于厦门市蜂巢山西侧的华侨博物院是中国唯一的侨办博物馆，它被著名的英籍女作家韩素英誉为“世界上独一无二的华侨历史博物馆”。

爱国华侨领袖陈嘉庚认为除了大学、图书馆之外，博物馆也同样重要，遂在办学的同时，大力倡办华侨博物院并带头捐资。博物院于 1956 年 9 月倡办，1958 年底建成，1959 年 5 月正式开放。作为以华侨历史为主题的综合性博物馆，全院占地面积 12500 平方米，其中主楼建筑面积 4000 多平方米，基本陈列包括“华侨华人”“陈嘉庚珍藏文物展”“自然馆”等几个部分，也会不定期举办一些主题展览。

博物院内巨木参天、绿荫怡人，面对大门的位置，赫然可见一块巨石，上书“勿忘故国”。主楼是由优质洁白花岗石砌成的宫殿式大楼，屋檐以翠绿琉璃瓦铺饰，颇具民族风格。

嘉庚
与华侨博物院

集美新城

· 嘉庚艺术中心（嘉庚剧院）

地址：厦门市集美区杏林湾路 368 号

厦门集美作为嘉庚先生的故乡，在建设集美新城时就将所有标志性建筑统一为嘉庚建筑，嘉庚艺术中心是其中的精品。嘉庚艺术中心坐落在集美新城大广场上。在厦门，嘉庚建筑除了“穿西装、戴斗笠”的特点，还特别喜欢以红砖为创作元素。嘉庚艺术中心便沿用了这一元素。

艺术中心东西朝向，正立面中轴对称，呈现中式大屋顶及檐口、西洋式屋身、基座三段式构图，顶部披檐线条优美，角部如燕尾，入口处两塔楼错落，形成起伏的天际线。室内装饰中西合璧，色调以红黄为主，简约大气。

· 诚毅科技探索中心

一座科技馆便是国家4A级景区，这样的殊荣可不多见，诚毅科技探索中心就是这样的所在。它的主体建筑为嘉庚风格，又带有一点古堡的魔幻色彩，一跨进大门，就像进入一个炫酷奇妙的科技时空。

这座探索中心能留住你一天的时光。它的建筑面积为5万多平方米，围绕“航空航天”“航海”“防震减灾”“信息通信”四大主题，设有七大展区，还拥有五大国内首创的核心展项，大家最感兴趣的“天宫一号”就在其列。

地址：厦门市集美区杏林湾路339号

·厦门市图书馆（集美新城馆区）

阿根廷诗人博尔赫斯认为，天堂应该是图书馆的模样。那么，一座高颜值高科技的图书馆，能将这种美妙的体验拉到最大化。

厦门市图书馆集美新城馆区建筑面积 6 万平方米，是福建省单体面积最大的图书馆。和集美新城大部分建筑一样，它的主体工程为嘉庚建筑风格，内部则吸收客家传统民居土楼的建筑元素，设立圆形中庭和环形中庭走廊。最令人震撼的是中庭的玻璃穹顶，挑高的设计将视线和思维拉到云端，西洋风格的铁艺窗花让人联想到知识的浩瀚和神秘。更有趣的是，顶部的智能感光遮阳棚能调节光线，让玻璃穹顶每一个时段都反射不同的颜色。

地址：厦门市集美区杏林街道诚毅中路 380 号

在靓丽的外表下，馆内部则走“科技风”，设有阅览坐席 4300 多个，智能化服务设施齐备。“掌上厦图”App 的“智能蓝牙导航”能为读者快速找书；电子书“瀑布书墙”让书通过手指一点，就能展现在读者眼前；智能“采书柜”精准匹配读者需求，读者可第一时间借阅到自己想看的书。

第四章 鼓浪屿建筑

鼓浪屿别称“琴岛”，不到两平方公里的方寸之地孕育了100多个音乐世家，人均钢琴拥有率为全国第一。

这块钟灵毓秀的土地上还有上千栋老建筑，它们组成了蜚声中外的“万国建筑博览会”。建筑是凝固的音乐，闽南建筑的典雅、南洋建筑的热情、西洋建筑的浪漫，岛上这些高低起伏、风格各异的房屋如同大型交响曲的音符，将天风海涛的雄浑和多元演绎得炉火纯青。要如何准确定义这里的建筑风格？那便是“鼓浪屿风”，用于描述鼓浪屿建筑集合的“Amoy Deco”（厦门装饰风格）一词已被书写进世界建筑史中，成为独树一帜而又浓墨重彩的华章。

这里的建筑是包容的，多样的外观、华丽的色彩，巴洛克式、洛可可风的石刻纹路与中式传统蟾蜍、龙凤装饰碰撞融合，焕发别样的生命力，交织成中西方文化艺术融汇的前沿。

这里的建筑是带着记忆的，它们不是冰冷的砖石，而是许多故事的载体，每一栋房子的窗棂里都封存着近代历史的脉动、南洋华侨的乡愁，还有那诗和梦的意境。

· 日光岩寺

日光岩是鼓浪屿最高峰，此处四面可观沧海，更能远眺高楼林立的鹭岛，天气好时，金门诸岛也明晰可辨。日光岩寺掩藏在日光岩中麓，随山就势，绿树红花的怀抱中，偶尔露出飞檐翘角，如小家碧玉，温雅内敛，信步之时一不留神容易错过。

日光岩寺以主殿圆通宝殿最为古老，其后半部分由山石凿空而成，旧称“一片瓦”。庙宇坐西朝东，每天迎来第一缕从厦门岛五老峰冉冉升起的日出霞光，“日光岩寺”因此得名。

1936 年，弘一法师曾到此驻锡闭门静心校经抄经，至次年 1 月返回厦门岛，历时近 8 个月。1936 年末，途经厦门的郁达夫特意上岛拜谒，交谈不过寥寥数语，却成就一段佳话。事后，郁达夫赋诗回忆这次相会：“远公说法无多语，六祖传真只一灯。”仰慕与推崇之情溢于言表。为纪念这一段因缘，2008 年日光岩寺西侧高台兴建了“弘一法师纪念园”，一片绿荫之中，法师石雕坐像容颜慈和，宛若再生。

地址：厦门市思明区鼓浪屿风景区晃岩路 60—62 号

日光巖寺

日光巖寺
嶼碧浪排天
波紅光浴日
寺院办公区域
游客止步
No Visitors

寿

• 种德宫

沿着古老的街巷漫步，在内厝澳路转角处，绿树掩映中，一座闽南风格浓郁的三门二进殿宇依山面海，尤为显眼，这便是被岛上居民称为“大道公庵”的种德宫。这座殿宇是典型的闽南传统祠庙建筑，青石红砖，白壁绿瓦，斗拱举天，重檐如画，飞扬的燕尾脊上点缀着龙飞凤舞的交趾陶饰，大门上方悬挂直书“种德宫”木匾，宫门两旁各安坐着一尊大石狮。古韵悠扬中，自有一番怡然自得的美感。

何为“种德”？即施恩德于人。宫内供奉的神像金面黑须，两目炯炯，端坐龛中，正气凛然。这位神明不是遥遥在上的仙佛，而是北宋年间的闽南神医吴夲。吴夲生前为济世良医，医术高明，闻名遐迩，对登门求医的病人一视同仁。吴夲死后，乡民建庙奉祀尊为医神，于是成为保佑世人健康平安的神灵，又称“保生大帝”。“保生大帝”是闽南历史悠久的民间信仰。鼓浪屿本为荒岛，早期居民医疗条件落后，遂到隔海的白礁请奉神像，建造种德宫，祈求医神的恩德庇佑。

种德宫数百年间一直延续着闽南民间祭祀仪式，隔着殿前的袅袅香火，你不禁会感到一种时间的绵延感、生命的接续感。

地址：厦门市思明区鼓浪屿风景区内厝澳路 373 号

· 协和礼拜堂

19 世纪 40 年代，与英国军舰同时到达鼓浪屿的，是基督教的传教士们，以及随他们而来的西方美食、习俗、建筑。位于鹿礁顶的协和礼拜堂，是鼓浪屿的第一座教堂。古典复兴主义风格的长方形教堂，承袭希腊神庙的圣洁庄严，正面四根罗马塔斯干式巨柱，支撑着三角形山花，两侧是高大的欧式拱窗，亚热带的阳光透过彩色花窗映照而入。

这里也是鼓浪屿音乐的发源地之一。1878 年，教堂里响起了空灵的风琴乐声，由英国人边阿兰先生担任教堂司琴，他所使用的那架管风琴，便是第一件落户鼓浪屿的西洋乐器。圣诗吟唱萦绕在耳，正是从那时起，音乐渐渐成为鼓浪屿居民日常不可或缺的一部分，家家户户有琴声，这也是鼓浪屿“琴岛”别称的由来。

地址：厦门市思明区鼓浪屿风景区福建路 60-1 号

UNION CHURCH
1863

UNION CHURCH
1863

UNION CHURCH
1863

UNION CHURCH
1863

· 福音堂

建筑面积400余平方米的福音堂纯白素净，相较于鼓浪屿上其他吸引眼球的异国风格建筑，显得简约而低调。教堂正门四根方形立柱线条简练，外墙上仅装饰有为数不多的山茶花浮雕，在建筑风格上与周边民居相融，更加亲近本地居民。

地址：厦门市思明区鼓浪屿风景区晃岩路40号

其内部空间结构，采用了古罗马公共建筑中常见的巴西利卡样式。巴西利卡源自希腊语，原意是“王者之厅”，这种风格的教堂主体为长方形，外侧一圈廊柱，屋顶则是条形拱券。福音堂的特别之处在于其屋顶，由中间高宽、两侧低窄的三个坡顶组成，错落有致，两侧屋顶的山墙上饰有棕红色花卉，色彩上与教堂底部的棕红色基座形成呼应，让朴素的建筑主体变得生动起来。

福

福音堂
堂

· 三一堂

20 世纪 20 年代，鼓浪屿已成为基督教在闽南传教的中心，岛上虽有多座教堂，但空间上已不能满足教徒的需求。1934 年，一座新教堂在安海路 67 号动工兴建，取圣父、圣子、圣灵三位一体寓意，故名为“三一堂”。但人们没有想到的是，三一堂的建设却历经了 66 年的波折。

新教堂在设计之初两易设计师，最终形成平面正十字形的方案，严格按照古典建筑模式，以大钢梁作屋架，四周添加钢筋水泥柱作为支撑，并在屋架中央建起一座八角形钟楼，借以稳固结构。但这样的设计增加了对钢梁的需求量，巨大钢梁需至香港定制，再海运至鼓浪屿安装。漫长的工期延续至 1938 年，日军侵占厦门，动荡的局势使工程被迫停止，未完工的三一堂成为难民收容所，为蜂拥而至的厦门百姓提供庇护。在绵延的战火中，三一堂经过多次停工复工，陆续完成了屋内吊顶与八角钟楼的建设。2000 年，教堂正门小广场建成。至此，历时 66 年，三一堂终于按原规划建设完毕，占地 2100 多平方米。

地址：厦门市思明区鼓浪屿风景区安海路 67—69 号

三
一
堂

主是好牧人

· 天主堂

天主堂是厦门现存唯一的哥特式教堂。不同于岛上其他罗马式教堂的坚厚敦实，它有着轻灵利落的线条，锋利地划破鼓浪屿的天际线。走近鹿耳礁，远远就能看到那白色尖顶上，十字架直插天穹。教堂的平面呈拉丁十字形，正立面是一对尖顶钟楼，中间夹着彩色玻璃大玫瑰花窗。据说，玫瑰花窗象征着天堂，窗上绘有各式圣者画像，信徒步入教堂时，在斑斓炫目的光线中产生对天堂的向往。整座教堂以尖形为特点，尖顶、尖拱、尖窗，连立面装饰、门楣窗棂、镂空女墙也都是尖形的，四层塔式尖顶递次上升，让整座教堂呈现出生机勃勃的力量。

每个周日下午，历经沧桑的天主堂里传出布道和唱赞美诗的声音，见证着百年来鼓浪屿的宗教多元化发展。

地址：厦门市思明区鼓浪屿风景区鹿礁路 34 号

ECCLESIA CATHOLICA

ECCLESIA CATHOLICA

· 毓德女学校旧址

鼓浪屿田尾路 14 号的红砖尖顶小楼，建筑主体墙面不抹水泥，仅用清水红砖密缝勾勒，拱券长廊、落地门窗，朴素大方，突出建筑的实用性。这里曾拉开厦门近代女子教育的序幕，培养出中国现代音乐先驱周淑安等多位杰出女性。这便是毓德女学校旧址。

在岁月洗礼下，学校旧址原貌保存完好，门楣上的校名虽仅余残痕，但是鼓浪屿上读书声依然琅琅，百年教育薪火不断。

地址：厦门市思明区鼓浪屿风景区田尾路 14 号

SOUTH
會局書教聖書
RELIGOUS TRACT
书斋茶韵
茶

· 闽南圣教书局

走过商铺林立、人头攒动的龙头路，一座建于 20 世纪 30 年代的华侨洋楼静静伫立福建路、龙头路、晃岩路交叉口，这便是闽南圣教书局旧址。百年前，在这里编印的闽南白话字典曾广销于闽南和东南亚地区，极大促进了闽南白话字的普及使用。

书局旧址建筑面积 200 余平方米，三层平屋顶楼房小巧简约，外墙采用清水红砖砌筑，窗套、楼层间腰线都用白色洗石子工艺的仿石装饰，白色线条与红砖墙体形成鲜明的色彩对比，这也是 20 世纪鼓浪屿华侨建筑常见的风格。

往事如过眼云烟，闽南圣教书局旧址现虽已不再作为书局使用，但仍让人感觉书香余韵留存，于闹市之中静静诉说那段历史。

地址：厦门市思明区鼓浪屿风景区福建路 43 号

· 蒙学堂旧址

在笔架山东侧海边拐角处，有一栋灰色的二层外廊式建筑，白灰墙面，两坡屋顶，坐北朝南，最引人注目的是外廊连续七个新文艺复兴风格圆拱券。楼内每层都有南北通透的五间窄长房间，方便作为教室使用，而事实上这栋建筑与教育确实有着不解之缘，曾先后作为英华书院、蒙学堂教学楼使用，后被菲律宾华侨吴添丁买下，故又称“吴添丁阁”。

“蒙学”，顾名思义，就是“启蒙之学”。蒙学堂是一所接收、教育学前儿童（4—8岁）的幼教机构，其前身是一位英国传教士的妻子于1898年在鼓新路创办的“家庭幼稚园”。这可能是中国最早的幼儿园，被称为“中华第一园”。其理念非常超前，根据儿童年龄的大小，设计了一套介于幼儿园与小学之间的教学方法。1908年至1911年间，家庭幼稚园曾短暂迁至安海路6号这栋宅园，更名为“蒙学堂”。

地址：厦门市思明区鼓浪屿风景区安海路6号

· 安献楼

穿过喧嚣街巷步行至鸡山路，游人渐稀，见证近百年前鼓浪屿往事的原美华学校女生部教学楼——安献楼，正坐落在此处，居高临下，俯瞰山海，安宁静谧。安献楼是鼓浪屿上唯一以条石建成的建筑，三层方形大楼取本地盛产的花岗岩条石建造。正立面设入口，其中首层为平台，宽阔的大台阶直接引向二层的入口，入口两侧为六根巨大的廊柱；楼顶有岩石锯齿装饰，远望如一座古堡，带着古典复兴主义风格的简洁严谨。

1905 年，美国基督教牧师安礼逊夫妇远渡重洋来到鼓浪屿，兴办勤工俭学的美华学校，开启了一次现代教育的全新实践。1934 年，安礼逊夫妇购下今鸡山路 18 号这块土地，兴建安献楼，用于美华学校女子教学。太平洋战争结束后，安礼逊夫妇返回美国，但美华学校办学并未终止。新中国成立后学校并入厦门二中，学生无一人失学。

地址：厦门市思明区鼓浪屿风景区鸡山路 18 号

1934

· 万国俱乐部

万国俱乐部坐落于鼓浪屿南端观海园中，顾名思义，是为满足当年外事馆人员、华人显贵、洋行高级雇员的娱乐需求所建。通体白色的殖民地外廊式建筑，线条简洁利落。正面的外廊呈半圆形外凸，这种建筑形式在闽南被称为“出龟”，更强调出口，也更为华丽气派。正门两侧L形外廊串联起不同功能分区的空间，建筑内部设有酒吧、舞池、台球室、外文书籍阅览室、保龄球室、会谈室等功能室，外设网球场、板球场等。自20世纪20年代落成后，万国俱乐部就成为岛上最为时尚的娱乐交际场所，亦有“乐群楼”美称，见证了交谊舞、台球、保龄球等近代文体活动与社交方式在鼓浪屿的传播。

建筑是活着的历史，漫步乐群楼，还能依稀窥见百年前推杯换盏、觥筹交错的盛景。

地址：厦门市思明区鼓浪屿风景区田尾路8号

· 英国领事馆遗址、英国领事公馆旧址

鼓浪屿上最早的西洋风格建筑，是位于鹿礁路 14 号的英国领事馆。原建筑建于 1869 年（一说 1870 年），已于 20 世纪 70 年代末不幸被烧毁，后在旧址按原初风格重建，现开放为鼓浪屿历史文化陈列馆。这栋结构方正严谨的建筑位于鹿礁顶上，居高临下，呼啸的海风卷来清晰的海浪声，极目远眺，整个鹭江海峡、厦门全景尽收眼底。

这座三层红砖楼是鼓浪屿早期殖民建筑风格的代表，四角出砖入石，百叶落地门窗调节光线、挡避风沙，内部还饰有壁炉。

此后，英国人又先后建造了一大一小两处领事公馆供工作人员居住。小领事楼现已无踪迹，大领事楼在今漳州路临海山崖上，是一栋 L 形的欧陆风格外廊式建筑。这栋乡间别墅最特别的是底层高达 2 米的防潮架空层，可帮助居住者隔绝闽南多雨炎热带来的湿气。

英国领事馆、领事公馆的兴建，标志着鼓浪屿建筑史的一个新开端。方寸岛屿之间，欧陆风格的西方领事馆洋楼与中国传统飞檐翘角的庙宇、闽南风格的红砖大厝共同矗立，在建筑形式碰撞融合的背后，是近代历史的激荡与变迁。

地址：厦门市思明区鼓浪屿风景区鹿礁路 14 号、漳州路 5 号

· 日本领事馆旧址

离英国领事馆一箭之遥的地方，是建于 1897 年的日本领事馆，包括三座建筑。其中作为领事办公楼及居所的是一栋模仿英国维多利亚时代别墅的外廊式建筑，但其在建筑细节上又融合了中国传统的坡顶和本土烧制的红陶栏杆，内部卧室则采用日式传统榻榻米配拉门，突出地表现了日本人在当时所推崇的折中主义建筑风格。

领事楼右侧的两栋红砖楼却画风一转，是典型的 20 世纪和式建筑。清水红砖、厚实墙体、窄长门窗，这种封闭性结构设计源于较高纬度的日本，原本是为了应对严酷的寒冬，现如今矗立在亚热带地区的小岛上，与周边宽廊敞窗的建筑格格不入。这两栋红砖楼建成后曾用作日本领事馆的警察署、监狱和警察宿舍，现已褪去肃杀的气息。

地址：厦门市思明区鼓浪屿风景区鹿礁路 24 号、26 号、28 号

· 美国领事馆旧址

在岛上众多领事馆建筑中，美国领事馆的风格无疑是精美而又特别的。这栋挺立于绿茵之中、面朝鹭江之畔的两层小楼没有杂糅的风格元素，以红白二色为主基调，布局对称。其中东、南立面均有二层通高的白色科林斯式廊柱，线条简洁流畅，如跃然而出的巨人，有力地托举住建筑主体。

科林斯柱源自古希腊，纤细高挑犹如少女，被视为年轻女性的象征。18 世纪中叶兴起的新古典主义建筑，令科林斯柱重新受到推崇，在美国被广泛运用，意在展现民主、自由、独立的国家形象，代表性建筑有联邦最高法院、国会、纽约证券交易所等。鼓浪屿上美国领事馆的科林斯柱进行了细微改良，柱头第一层为齐整的毛茛叶环绕，第二层则是修长的百合花纹，远望之，如层层翻涌的鼓浪波涛，清新而又别致。浅色建筑门窗滤去了欧式建筑的繁重之感，半月形门楣将现代简洁风贯彻到极致，流畅舒展、精巧雅致。

地址：厦门市思明区鼓浪屿风景区三明路 26 号

·雷厝

19 世纪 50 年代，年轻的医师雷正中从泉州来到鼓浪屿，成了小岛上的第一个华人西医。中西医兼修使得雷正中很快成了当地最出名的医生，他在乌埭角盖起了连片的闽南红砖厝，雷厝是其中保留最为完好的一座。

雷厝在细节上无不体现着闽南红砖厝深厚的传统文化底蕴：一正两厢的格局，反映着中国传统伦理的空间秩序；红砖白石，色彩明亮和谐，富丽堂皇；双坡曲、燕尾脊，出砖入石，是独属于闽南的常见建筑手法；正中门楣青斗石制的匾额上，精心雕刻着四个大字“派衍璜溪”；漆黑的木制大门上，有力地书写着“和平处世，忠厚传家”的家训。

暮色渐浓，一阵阵动人的旋律从雷厝院落中传来。2009 年，居住在这里的雷氏后人们组织成立了鼓浪屿上第一支居民乐队，闲暇之余自弹自乐，十几年来为这座古厝、这座小岛带来优美动人的音乐。

地址：厦门市思明区鼓浪屿风景区中华路 97 号

和平慶
世
家
忠厚傳

· 大夫第与四落大厝

在鼓浪屿腹地，坐落着岛上最古老的一片传统民居，它们不显山不露水地隐藏在西式建筑群中，如遗世孑立的老者，带着不卑不亢的沉稳笃定，展示最地道的中国风味。

这片民居中为首的是位于海坛路58号，清嘉庆年间黄旭斋所建的大夫第。这是一座二落燕尾式四合院，大厝为主、护厝对称，主厝与护厝间以过水廊相连，居住空间上严格区分，长幼有序。黄旭斋后代人数众多，因住房不够，后又在大夫第边上建起四落大厝。这组建筑为四进四落马鞍式民居，在建筑形制上与大夫第接近，但规模更大，四落大厝串联合围，中间围成庭院。

两处建筑的立面装饰风格一脉相承，均以青石条为墙基，釉面红砖为墙。细节上运用富有闽南特色的浮雕、镂雕、层雕工艺，在门窗台屏、梁柱斗拱上雕饰各色图案，再施以彩漆、彩绘，琳琅满目、精美绝伦。或许是因为宅主黄旭斋以航运发家，主厝设计中暗藏玄机，其天井地砖被烧制成水波纹样，步入四方形天井中，天光海色，波浪涌动，仿佛置身于龙宫幻境。

地址：厦门市思明区鼓浪屿风景区海坛路58号，
中华路23号、25号和海坛路33号、35—39号

· 黄氏小宗祠堂

岛上最具代表性的原住民建筑之一是黄氏小宗祠堂。穿过熙熙攘攘的商业街，拐进市场路，小巧精致的闽南传统红砖木构院落隐于闹市之中，条石门上的石匾、高翘的燕尾脊屋顶、饱经风霜的木质梁柱，无不在诉说着封存的记忆。这里曾是厦门同安黄姓家族迁居至岛上的一个支系的老祠堂，但鲜为人知

地址：厦门市思明区鼓浪屿风景区市场路 66 号

的是，这也是鼓浪屿最早接触西方文化的地方。1842 年，两名美国传教士登上鼓浪屿后，为方便传道，租用下了黄氏小宗祠堂的一间厢房，开设了岛上乃至厦门最早的西式诊所。宗祠后来也曾作为家族私塾学堂使用，在戊戌变法后更名为“普育小学堂”，为周边的本地孩童带来现代教育的希望。一方小小院落，见证了本土氏族在东西方文化碰撞中的求同存异。

· 八卦楼（鼓浪屿风琴博物馆）

不论从哪个方向远眺鼓浪屿，白色的日光岩与红色八卦楼圆顶的撞色都尤为显眼。八卦楼的红色圆顶以八边形的八角平台承托，上有八道棱线，穹窿顶的鼓座呈四面八方二十四朝向，状若《易经》中的八卦图形，故被称为“八卦楼”。

这座宫殿式建筑融合了东西方古典建筑的诸多要素，从中你能看到古希腊神庙的柱廊、古罗马宫殿的塔斯干柱、耶路撒冷清真寺的八角形平台、佛罗伦萨大教堂的八角形圆顶等的影子。立面上大大小小共 82 根圆柱支撑起恢弘的主体建筑，三楼平台中间筑起一座八边形塔楼，塔身上共开有 16 扇拱形门窗，为沉重的石材塔身增添了轻盈的通透感。塔身之上拱起一座洋红色大圆顶，在建筑的制高点上画下最为浓墨重彩的一笔。天穹之下、碧波之上，八卦楼的圆顶描绘出鼓浪屿最为重要的一道天际线。

八卦楼自建造迄今已逾百年，曾先后被用作书院、难民所、校舍、工厂等，其间屡遭损毁。至 20 世纪 80 年代修缮后作为博物馆使用，现为风琴博物馆，藏有来自世界各地的风琴。其中一座 6 米多高的巨型管风琴，被安放在中央穹窿之下，八卦楼的百年沧桑，就在古风琴的音管里静静流淌。

地址：厦门市思明区鼓浪屿风景区鼓新路 43 号

鼓浪嶼鋼琴博物館
聽濤軒

· 菽庄花园（鼓浪屿钢琴博物馆）

“纳山海景于一园”，菽庄花园最大的特色是山和海。园内分“藏海”“补山”两大主题，利用临海坡面、海湾礁石、涨落的海水，在一方狭窄海湾里修建了十景，借自然美景铺垫，造就“园在海上、海在园中”的奇景。

何为“藏海”？进入花园后，迟迟不见海，但转过月洞门，绕过竹林，突然就与海阔天空撞个满怀；行至四十四桥，临波卧海，只觉花园之大，海潮奔逐，海鸥纷飞，眼前的日光岩、英雄山，远处的海天山色，皆来入画。何为“补山”？那就要提到菽庄花园的“十二洞天”奇景了：就地取以本地盛产的海礁石，在极其狭窄的山边陡岩峭壁造起层次丰富的假山“猴洞”，共计十二洞室，分别以十二地支编号。俯瞰洞天，海石围出的通道高低错落，穿行其间，不时有十二生肖石雕隐藏于岩壁中，构成了园林中最独特的景观。

园内还有小巧别致的眉寿堂，中式古典重檐歇山顶，琉璃粉墙，淡雅高洁，曾作为宴客厅使用。据说当年每逢中秋佳节，菽庄花园内总是高朋满座，文人雅士聚集一堂，赏月品茗，共享无限风光的人间胜景。

地址：厦门市思明区鼓浪屿风景区港仔后 7 号

海闊天空

枕流

· 海天堂构

在福建民间，历来有“三分厅堂，七分门庐”的说法，建筑入门处的门楼是主人身份的标志，也是家族兴旺的标志。海天堂构的大门壮观隆重，是地地道道的中国式门楼。重檐斗拱、垂柱花篮、飞檐翘角、双蹲石狮，按照中国传统的风水定位，稳坐在海天堂构的中轴线上，彰显着宅主的身份、地位、财富。

穿过门楼，是一片开阔的中庭广场，五幢三层式楼房，四幢沿着中轴线左右分布，居中一幢中西合璧的仿古宫殿尤其显眼。“穿西装、戴中帽”，说的便是这座中楼。一眼望过去，高贵典雅的古希腊方形廊柱、西洋宝瓶状栏杆，以及中国风浓郁的混凝土透雕花饰构件，装饰、点缀在各个细节之处。但最为浓墨重彩的一笔，还是安在主体建筑上的中式大歇山顶，碧色琉璃瓦，四角攒尖，在日光下闪金烁银，恍若天上宫阙。这顶“中式帽”内部空间结构精妙，结合了中国藻井与西洋穹窿的结构，用条板筑成八边形藻井，细密的条板层叠出雄伟崇高的穹窿。

西式庄严的柱廊，承托起中式的古色古香，可谓“是宫非宫胜似宫，亦殿非殿赛过殿；不中不洋不寻常，中西结合更耐看”。

地址：厦门市思明区鼓浪屿风景区福建路 34 号、36 号、38 号、40 号、42 号

· 亦足山庄

亦足山庄有着鼓浪屿上最为美丽的门楼和台阶。希腊式门柱支撑起高大的门楼，盾形浮雕、缠枝花卉等雕塑装饰大气又不失考究。跨过门楼，迎面而来的是一面巴洛克风格的雕塑照壁，连着一组宽阔的石阶为过渡。石阶两侧布满花坛石凳，短墙上均有缠枝浮雕，新颖气派。山庄主人对此也颇为得意，取名“亦足”，正是寓意有此别墅便已知足。

山庄主屋由四根通天圆柱支撑正面，与凸起的双拱窗套、转角的凹槽墙柱等，组成富有韵律的外形美。欧式主屋的右侧设计有小巧的中式传统庭院，根据地势落差筑有蜿蜒曲折的小径，小径尽头处是座重檐八角凉亭，用于休闲观景。

地址：厦门市思明区鼓浪屿风景区笔山路9号

笔山路
E东
Bishan Rd
西W

黄家花园

1919年，印尼糖王黄奕住遍寻中外知名设计师，在鼓浪屿选址建造欧陆风格的黄家花园别墅。别墅邻近马约翰体育场，分南、北、中三馆，三座馆楼以中楼为中心对称布局，掩映在花园的古榕、刺桐、香樟树间。每座馆楼前都有相对独立的庭院空间，三个小花园又连结为一个长方形大花园。三馆中最值得细说的是中楼。这栋建筑的风格富有层次，巴洛克风格的山花、意大利风格柱式，亦有德式贵族的装饰华丽、四面通透的回廊，凭栏远眺，入目皆是南国美景。

别墅内里的装饰极其奢华，“中国第一别墅”的称号名不虚传。室内的走廊铺装、楼梯扶栏、双向步阶，均用意大利进口大理石制成，石面历经百年依然光可鉴人。红楠木家具、金铜镂花壁炉、紫檀博古架，室内软装考究，充满中式情调。有趣的是，别墅内装饰了不少明镜，镜端均刻有三件理发工具——剃刀、须刷、掏耳筒。这些工具铭刻着别墅主人黄奕住曾经作为剃头匠的奋斗发迹史，也是提醒子孙毋忘先人创业的艰辛。

地址：厦门市思明区鼓浪屿风景区晃岩路27号、29号、31号

黃家花园

黄家花园餐厅

· 黄荣远堂（中国唱片博物馆）

千余幢鼓浪屿老别墅中，黄荣远堂独具精致的韵律感。别墅正面四根仿塔斯干式巨柱支撑起半圆形的柱廊，十分壮观，柱体粗实挺直，用最简洁的白色定义建筑主基调。顶层平屋顶的平面逐级后退，鲜明的线条宛如音符线，又仿若逐渐高昂的音阶。

经过入口两侧的青石板台阶，步入黄荣远堂，彩色玻璃花窗是这里最引人注目的西式装饰。植物花纹与流畅的曲线相得益彰，疏密相间、不对称的构图形式及亮丽的色彩镶嵌，都带着 19 世纪末 20 世纪初欧洲“新艺术行动”中最流行的装饰风格，可见当时鼓浪屿建筑装饰紧跟世界的时代潮流。

这座韵律十足的别墅在新中国成立之初曾作为鼓浪屿南乐社的聚会演出剧场使用，现又成为中国唱片博物馆的馆址，仿佛印证这座建筑与音乐的不解之缘。

地址：厦门市思明区鼓浪屿风景区福建路 32 号

CHINA RECORDS MUSEUM

• 杨家园

在鼓新路路口，杨家园气派的门楼很是显眼，园内大花园环抱着四座独立的红砖洋楼。这是一组家族色彩浓郁的别墅群，来自福建龙溪的杨家四兄弟在住进西式园林别墅后，也将闽南家族的生活方式带进了这里。

四座主楼正面都有宽敞的门廊，有科林斯柱支撑，底层配有地下室和防弹室，从底层至顶层层高逐层递减，犹似意大利文艺复兴时期的府邸外观，庄重气派。每层均有独立的客厅、舞池、套房，卫生间配备了浴盆、挂镜、梳妆台，西式装修明快现代。别墅虽为西式，但依据传统习俗，主仆不能同住一幢楼房，故每一座主楼又配有副楼，中间以廊道相连。主副楼虽外观相似，但用材布局上略有区分。当年岛上尚无自来水供应，杨家园院内专门挖了一口水井，还设计了一套自给自足的供水设备，各楼顶层和底层均设有水池，用于集蓄雨水自用。

地址：厦门市思明区鼓浪屿风景区鼓新路 27 号、29 号、31 号，安海路 4 号

• 黄赐敏别墅（金瓜楼）

黄赐敏别墅，在鼓浪屿本地被亲切地称为“金瓜楼”，这得名于阳光下那两顶赤橙亮黄的“金瓜”顶。这个名字还蕴含着中国式的祈福，“瓜瓞绵绵，富贵不绝”。

这是一栋用中国传统装饰工艺装修出来的西洋别墅，梁柱、檐角、窗台等上满是花卉、鸟禽浮雕，被评价为“既有乡土气息，又有洛可可的韵味”。楼顶的两个“金瓜”，其实是角楼屋顶的攒尖顶，恰似洋葱头或南瓜，这种建筑式样可追溯到拜占庭建筑的圆顶，常见于意大利威尼斯地区的建筑，但金瓜楼的攒尖顶上还点缀上了中国式的翼角。外立面上的罗马柱头，搭配满是中国传统彩绘的屋檐。金瓜楼的内部既有中式的厢房、厅堂，也有欧式的壁炉、宽廊。

地址：厦门市思明区鼓浪屿风景区泉州路 99 号

· 瞰青、西林别墅（郑成功纪念馆）

日光岩下，远离喧嚣处，葱郁山林里，隐藏着两座华丽的别墅，它们同为华侨富商黄仲训所建。

瞰青别墅依岩而建，建筑主色调浅灰，点缀白色水刷石饰面。门廊以透空栏杆搭配伊斯兰风格拱券，屋顶为灰瓦六角攒尖顶，带着浓郁的东南亚殖民建筑风格。别墅内落地木隔扇、木镂花格心均有描金彩绘的中国传统画，工艺甚为精湛。

在瞰青别墅不远处，则是黄仲训兴建的另一幢宅邸——西林别墅。别墅高四层，宽敞的前外廊将建筑完美地融入当地的气候环境与地理文脉中。别墅基座用花岗岩条石砌筑而成，清水红砖墙与白色洗石子装饰形成鲜明的色彩对比。一入门厅，迎面而来的是大开大合的蝴蝶梯，第一梯呈“八”字张开迎客，第二梯分别从两侧直上二楼，硬木扶手、金属栏杆，富有现代美感。

如今，两座别墅均已作为郑成功纪念馆使用，成为到访日光岩的必游之处。

地址：厦门市思明区鼓浪屿风景区永春路 73—75 号、71 号

郑成功纪念馆

· 番婆楼

这是一座与孝道有关的老别墅。1927年，菲律宾华侨许经权经商致富后，为照顾母亲，返回鼓浪屿建造别墅为母亲养老。因许母平常出门时总是一身珠光宝气的南洋打扮，被街坊邻居笑称为“番婆”，即闽南语里“南洋女人”之意，这栋别墅也因此得名。

为迎合许母对中式传统的审美喜好，番婆楼在西洋风格的主调下糅合了不少中国传统元素。高大的门楼，顶上两只金丝鸟衔着铜钱的雕塑分立两边，洛可可风格的雕花铁门上有正反两个“福”字，寓意出入皆福。穿过门楼，入口前庭一侧是嶙峋突兀的假山景观墙，在围墙垂直面上直接叠石造景，个性鲜明、独树一帜。有趣的是，番婆楼里有“沉鱼落雁”“金猴献桃”等中式浮雕，也有张开翅膀的西方小男孩模样天使造型，在楼顶的四面女墙画屏上同样绘塑着花卉、天使以及美女，中西混搭，别有一番风味。

地址：厦门市思明区鼓浪屿风景区安海路36号

• 船屋

鼓浪屿岛上巷道纵横，岔口无数，因天然地形影响，有许多地块形状不规则，难以建造房屋，船屋地块正是其中典型。这是一块位于坡顶的狭长三角形地，锐角尖利，着实不是像样的宅基地。然而这却激发了设计者美国建筑师郁约翰的创作灵感。他将建筑设计成模仿海船，随着坡度层层跌落，从三楼俯视，恰如一艘正待远航的轮船，船屋因此而得名，而狭长三角形的锐角空地则成了景观前庭。这样的设计不仅活用了地形，且颇有意趣，在小岛蓝天碧海的衬托下，这艘停泊在避风坞的船舶亦有温馨家庭港湾的寓意。

地址：厦门市思明区鼓浪屿风景区鼓新路 48 号

· 李清泉别墅

李清泉别墅又名“容谷别墅”，得名于院内百年榕树与整座建筑如山谷一般的雄伟。别墅位于升旗山麓，依山面海，与虎头山隔鹭江对望。两层通高的石头巨柱撑起别墅正立面，柱身剁斧凹槽，柱头多为爱奥尼式。立面外墙由红色清水砖密缝拼接。室内木踢脚线、木隔扇、门套、窗套、木百叶等构件均采用菲律宾优质木材制作，装修带着浓厚的南洋风格。

坐在别墅大厅门外的宽廊纳凉观景，眼前是中西合璧、人工组景的花园，既有西洋园林中常用的水池喷泉，也有中式园林中的叠石造景。假山上左右分置两座亭台，与远处的滔滔鹭江一并入画。

地址：厦门市思明区鼓浪屿风景区旗山路 5—7 号

英国伦敦差会女传教士宅

鼓浪屿鸡母山麓，一座简约美观的黄色英式住宅楼独踞在四岔路口一角，这便是有一百多年历史的英国伦敦差会女传教士宅。

该建筑为单层殖民地外廊式建筑，基座部分是半层高、带券廊的防潮层，沿着花岗岩台阶拾级而上，上层建筑环绕着新文艺复兴风格的半圆拱券廊。楼身墙面简洁，檐线干净利落，不作繁华装饰。这落院宅原是伦敦差会女传教士居住的房子，见证过外国传教士在鼓浪屿传教活动的兴盛活跃。现如今，经过修整的住宅面貌焕然一新，建筑经过时光的打磨愈显风韵，庭院中的三角梅四季常开不败，热情如火。

地址：厦门市思明区鼓浪屿风景区鸡山路 1 号

· 厦门海关验货员公寓旧址

走在鼓浪屿中华路上，透过路边低矮的围墙，就能欣赏到一栋气派的殖民地外廊式建筑，这便是曾经的厦门海关验货员公寓。

这座百年的公寓楼分为上下两层，两层三面均有外廊，其中一层为平梁砖柱廊，二层为连续的圆拱廊。廊柱为八角形截面，工艺考究，回廊外围为铁质花栏杆。柱廊及外墙均选用清水红砖，以英式砌法砌筑。居室的落地门窗均为白色，掩映在绿树红墙之中，色彩对比鲜明，浓淡相宜，美观醒目。公寓入口设置在北侧，楼内共五个住宅单位，相互独立，均配置有单独的厨房和卫生间，给住户们带来更好的私密性和居住体验。由于当年入住的英籍海关验货员身穿白色海关制服，本地居民还戏称该楼为“白鼠楼”，颇为诙谐有趣。

地址：厦门市思明区鼓浪屿风景区中华路 2 号

· 汇丰银行公馆旧址

远望鼓浪屿海岸，除了日光岩、八卦楼，最为显眼的就是面海断崖上的一座英式别墅。这栋别墅临崖而建，在选址上剑走偏锋，颇为大胆，恰与其曾经承担的金融职能不谋而合，它便是当年的汇丰银行公馆。

1873 年，汇丰银行率先进驻厦门岛开设分行，随着业务的拓展，1876 年，汇丰银行在鼓浪屿笔架山东北端的断崖顶上，建造了这座占地近 400 平方米的高级住宅公馆。高崖面海，在公馆建造之初，工匠就将基桩打入整块的岩石之中，以确保建筑的稳固性。别墅平面呈三叶草形，结构分两部分。为了让景观视野更加开阔，临海一侧的立面被设计成 135 度钝角，其中三面被设计成回廊，光线充足，通透性极强。回廊围着一圈简洁明快的科林斯式红砖廊柱，漫步廊下，俯望悬崖，天风海涛涌入怀中，鹭江山海尽收眼底。

地址：厦门市思明区鼓浪屿风景区鼓新路 57 号

第五章 其他建筑

感受一座城市的活力，建筑是一个绕不过去的窗口。优秀的建筑是自然的延续，是人文精神的外化。厦门既是浪漫的海滨城市，又是一座高素质的创新创业之城，一个个独具美感的建筑空间，包容着我们的躯体和心灵，让我们在俯仰之间体会生活的节奏和韵律。

建筑是历史的见证。了解厦门改革开放前后兴建的建筑，你才能读懂这座城市波澜壮阔的发展史——这里是改革开放的“试验田”，是对外交流的“大厦之门”，更是向海而生的金砖之城。这些建筑对厦门天际线的每一次切割，对鹭岛环境的每一次展翅，都体现了打破常规的创造力，体现了欣欣向荣的生命力。

在建筑的映射中，我们看到一个时代的审美，甚至触及一个时代的温度。鹭江潮奔涌，沧海放长歌，曾经风高浪急、发展受限的海防前线，正不断向着高素质、高颜值、现代化、国际化城市迈进。

· 厦门国际会议展览中心

鹭岛临海，一座矩形建筑在海天一色中跃然而出，如启航在即的巨轮，半月形顶楼凭海临风，是巨轮上昂扬的风帆。这是金砖国家领导人第九次会晤主会场，也是国内为数不多的亲海会议中心，与金门诸岛隔海相望，直线距离仅 4500 米。

厦门国际会议展览中心因第四届中国投资贸易洽谈会而建，2000 年 9 月 8 日，中心主场馆正式投用。主场馆极具对称美感，随后配套建成的厦门国际会展酒店、厦门国际会议中心、厦门海峡大剧院也沿用这种设计理念，均沿中轴线对称分置，在总体布局上协调呼应。场馆、展厅之间在空间及以人流、物流上相互联通、紧密相连，既可以形成一个整体，举办大型展会；也可以空间相对独立，举办中小型展会。

2023 年 7 月，中心第五期场馆落成，面朝大海，再次启航。

地址：厦门市思明区会展路 198 号

2023厦门牛人会直播生态展览会
A1
扩大双向投资
98
CIFIT
共促全球发展

· 闽南大戏院

闽南大戏院有着浓郁的闽南韵味，银白色三角镂空外墙映衬着红色底色，红白两大主色形成强烈对比，半开放式玻璃幕墙增强了剧场的采光，更平添一抹空灵感。

剧院内外随处可见流线型设计，优美的弧线呼应着海上奔腾的波浪。入门前厅提取了“海洋”元素进行组合，富有动感的红墙与优雅的弧形造型墙共同呈现舞动的生命力。剧场内部亦有巧思，白色栏板如演员舞动的水袖，抽象简练而气势磅礴。墙面疏疏密密、起起伏伏的造型，远看好似群飞的白鹭，又似灵动的韵律节拍，同时兼顾建筑声学要求。色彩上，红色的座椅、深色的地面、木质墙面，让剧场内部空间庄重又不失活力。近年来，剧院不仅引进国内外一流演出剧目，也让本土的闽南文化艺术“走出去”，成为连接海峡两岸、连接世界文化艺术的交流舞台。

地址：厦门市思明区展鸿路 87 号

双号
观众厅一层楼座

· 中航紫金广场

中航紫金广场是集办公、酒店、商业于一体的超大型商务综合体，选址于厦门环岛路两岸区域性金融中心，与亚洲第二大游艇俱乐部香山游艇会对望，周边有海峡国际社区、闽南大戏院、特房大厦、建发大厦等。

地址：厦门市思明区环岛东路 1801 号

在整体建筑风格上，以三角形为基本原型衍生出两座流线型超高层塔楼，塔楼外立面玻璃幕墙采用不同角度排列组合而成的水平装饰百叶，形成有韵律的波动，通过光影的微妙变化呼应着海浪的旋律。塔楼内部为筒状结构无柱布局，打破了常规办公空间的闭塞，将海景引入室内，让人得以享受凭海临风的畅快。近处的游艇码头、远处的辽阔海景，与中航紫金广场一同构成厦门海岸的一道独特风景线。

C&D
紫金矿业
Tianyuan 天元

· 厦门国际金融中心

国际金融中心大厦地处厦门东部两岸区域性金融中心片区核心，建筑总高度 212.65 米。大厦外立面被分割为多个不规则三角形，充满折纸趣味感，又富于现代主义风格。幕墙采用浅色玻璃，大海、天空、人造景观和光影通过玻璃幕墙的映射，构成了建筑外观、色彩的一部分，随着天气而变幻。自 2013 年落成以来，国际金融中心已成为厦门东部海岸线地标之一，吸引了金融监管部门及众多金融机构、投资机构陆续进驻。

地址：厦门市思明区展鸿路 82 号

· 厦门奥林匹克博物馆

2008 年北京成功举办奥运会，同年，经国际奥委会和中国奥委会批准成立的我国第一家奥林匹克专题博物馆——厦门奥林匹克博物馆也落成开放。

博物馆外观一片纯白，象征着和平与奥林匹克 Fairplay 精神。主体建筑分上下两层，馆内一层大厅为公共区域，设有多媒体报告厅、VIP 会议室、特色纪念品商店等，大厅中央放置着一座重达 80 吨的长江碧玉原石；二层由一个序厅和四个展厅组成，收藏有奥林匹克相关文物及纪念品共计 11000 余件，包括奥运火炬、奖牌、邮票、徽章、纪念币、吉祥物等，让人更直观、更全面地了解、感受和分享奥运的历史与辉煌。

地址：厦门市思明区吕岭路 2017 号

• 海峡明珠广场

海峡明珠广场竣工于 2018 年，落成后即以 258.8 米的高度，一跃成为厦门东海岸线两岸区域性金融中心的地标建筑之一。这栋高楼外立面设计独特，拔地而起的楼身、行云流水的顶部曲面造型，灵感源自妈祖手中的玉如意。妈祖文化是海峡两岸共同的信仰，建筑以此传达交流发展的美好意愿。高楼底部的裙楼亦有玉如意造型立柱，重檐屋顶燕角脊，在细节上也富有闽南元素。就在一街之隔，当地闽南传统宫庙静静遥望这栋高楼，二者相得益彰，新与旧完美融合。

地址：厦门市思明区环岛东路 153 号

· 厦门人民会堂广场

厦门人民会堂广场坐落于筼筜湖北岸，与厦门市政府大楼隔路相望，广场落成于 1996 年 12 月，为庆祝厦门特区成立 15 周年献礼。主建筑人民会堂如大鹏展翅，正面银色立柱撑起墨绿色玻璃幕墙，大气恢宏，雄伟庄重。会堂内设有可容纳 1500 人的主会场，主席台桌椅可降收成为舞台。另有可容纳 260 人的国际会议厅，配备四种语言同声音译功能。会堂南面是含 600 个座位的下沉式露天娱乐广场，四周为 7 万平方米的绿地广场。

广场对外开放，未设置围墙屏障。会堂四面通透的底层，成为周边市民喜爱的公共空间。清晨，老者打拳晨练；傍晚，小孩嬉戏玩耍，大人乘凉散步。南面露天娱乐广场也不时有歌舞演出。人民的广场，亦属于人民。

地址：厦门市思明区湖滨北路 76 号

以更强自觉、更高标准
更严要求、更实举措抓好主题教育
以学铸魂、以学增智
以学正风、以学促干

· 源昌凯宾斯基大酒店

源昌凯宾斯基大酒店位于湖滨中路十字路口，一面直面市区繁华地带，交融人间烟火气息；一面俯览美不胜收的筼筜湖，畅享惬意自然风光。建筑外观形似帆船，通体碧蓝色玻璃幕墙格外显眼，幕墙映衬着筼筜湖的潋滟水光，偶有三五白鹭掠过。酒店无论是建筑外观，还是内部设计，都融入了众多厦门元素，茶文化、市花三角梅、白鹭等意象被运用在酒店各个细节上，如一枚枚地域印章烙印在每一处，让旅者感受到独有的厦门特色。

地址：厦门市思明区湖滨中路 98 号

· 海上明珠观光塔

海上明珠观光塔位于厦门狐尾山顶，远观像盛放着白色牡丹的花瓶，又似高高举起的火炬，独特的造型让它成为厦门的网红地标之一，亦是鸟瞰厦门的最佳地点。海上明珠塔楼共 19 层，整体是喇叭状的“小蛮腰”流线造型，外墙覆以浅绿色钢化玻璃，塔顶的雷达天线罩，远眺正如一颗明珠。观光塔兼有气象灾害监测功能，塔内设有非物质文化遗产馆、360 度全景观景台等。夜幕下远望狐尾山，塔顶的明珠光芒璀璨，再现了“海上明月共潮生”的美景。

地址：厦门市思明区气象台路85号

· 世茂海峡大厦

伫立于鼓浪屿对岸的世茂海峡大厦，是鹭岛天际线的高光点。大厦东临演武大桥，南临滨江步行道，独特的双帆造型迎风而展，直抵天际。双塔整体设计采用柔和弧线勾勒出扬帆起航的帆船造型，细节上融合海岸线布景和厦门市花三角梅的视觉元素，与所在的海湾地貌形成呼应。建筑形体采用三维曲面造型，以应对沿海强台风登陆时的巨大风压。

大厦 55 — 58 层设有“云上厦门”观光厅，拥有 300 米高空、360 度透明观景的绝佳视野，东望千年古刹南普陀，西看“海上花园”鼓浪屿，南收演武大桥于眼底，北瞰万石植物园五老峰，鹭岛全景尽入眼中，已成为厦门一大热门打卡点。

地址：厦门市思明区演武西路 180—188 号

· 厦门文化艺术中心

公共艺术建筑是城市文化形象的重要标志，厦门文化艺术中心就是厦门的文化标志之一。它包括由图书馆、博物馆、艺术馆、科技馆等组成的主体建筑，以及东西两广场、电影城、演艺中心、会议报告中心、游客服务中心等配套设施，是一个集文化、旅游、休闲于一体的大型文化公共设施群，总建筑面积约 13 万平方米。

文化艺术中心核心四馆由工厂旧厂房改建而成。主厂房以敞开的十字形通道分隔成四部分，其中北面厂房分隔改建为科技馆和博物馆，南面厂房分隔改建为艺术馆和图书馆。四馆内部空间变化丰富，充分利用原厂房内部的高大空间，局部增设夹层，形成上下互动。馆内还设有景观内庭，丰富和改善室内环境。建筑外观覆盖大面积玻璃，展露出内部网架，突出厂房改造的特色，彰显其与众不同的建筑历史脉络。在四馆外围，现代雕塑、漆画艺术、闽台古石雕等完美融入周边景观中，展示着厦门从古至今的艺术门类、文化内涵之演变过程。若从高空鸟瞰文化艺术中心，一道白色风帆状的膜结构长廊横跨四馆通道，连接东西两侧广场，若白鹭翩然，为文化艺术中心平添轻灵的文艺气息。

地址：厦门市思明区体育路 95 号

厦门文化艺术中心
XIAMEN CULTURE & ART CENTER
Van Gogh

· 财富中心写字楼

财富中心写字楼位于鹭江道东侧，与鼓浪屿隔海相望，建筑高度 192 米，左邻第一码头，右靠旅游客运码头。外观设计风格简约，温和流畅的装饰线条与风光旖旎的厦门西海域颇为契合。大楼运用超高层钢结构，规划出大跨度办公空间，让每一楼层的观海视线都能最大化，达到 300 度全海景，所有办公室均能面朝大海，尽览鼓浪屿全景。东侧各层还设置有露台花园，营造生态、轻松的商务氛围。大楼于 2011 年建成后，与周边的建设银行大厦、海滨大厦、国际银行大厦等，组成了厦门西海岸的天际线。

地址：厦门市思明区鹭江道 100 号

· 建设银行大厦

在厦门鹭江道，既可以看到骑楼、厦门一等邮局等老建筑，也可以看到国际银行大厦、海关大厦等现代高楼，新旧交融，镌刻出独特的城市历史。鹭江道还是厦门第一高楼的风向标，建设银行大厦在 2003 年落地鹭江道 98 号后，在长达 8 年的时间里稳踞厦门第一高楼宝座。除了令人瞩目的高度，大厦在建设施工测量过程中还运用了卫星定位技术，为全国首次。大厦建筑立面由方形与扇形拼接而成，外覆淡蓝色玻璃幕墙，顶部银色塔楼，在鹭江道沿线尤为显眼。主楼距厦鼓海峡仅 20 米，伫立楼前就能感受碧海潮生天地宽。

地址：厦门市思明区鹭江道 98 号

CCB
中国建设银行

· 鹭江宾馆

鹭江宾馆既是厦门的建筑地标，亦是历史文化地标，承载着这座城市太多的记忆。这是一栋有着鲜明嘉庚建筑风格的扇形大楼，落成于 1960 年，屹立在中山路与鹭江道交会处至今已数十载。传统特色的绿瓦红墙和白色石雕云纹阳台，在周边以灰色调为主的建筑群中异常醒目。正门门厅矗立着四根花岗岩

方形云头大立柱，突出中西合璧的建筑风格特征。这栋大楼典藏着一部厦门历史：新中国成立初期厦门岛第一高楼、拥有厦门第一部电梯、开设厦门第一家合资酒店……地处鹭江之滨，引领时代潮流，让这栋建筑的气质更为包容开放。

宾馆顶楼观海厅是欣赏鼓浪屿全景的绝佳观景点，露台品茗，凭栏观海，尽览鹭江百年沧桑。

地址：厦门市思明区鹭江道 54 号

OCBC BUILDING
前往中山路
请走地下通道
150米
前往中山路
请走地下通道
150米

· 厦门国际邮轮中心

一艘邮轮缓缓驶入厦门港，林立的高楼间，一栋白色建筑物吸引了甲板上游客们的目光，飘逸浪漫的屋顶状如贝壳、风帆、海浪，充满海洋元素和现代气息，这就是海上游客抵厦后的第一站——厦门国际邮轮中心。亲海，是这座白色建筑最突出的特征，它静卧于东渡港口，与两侧高楼构成一个视觉通道，连接西海湾和狐尾山，直面万顷波涛的大气辽阔。二楼候船层为开放式走廊和观景平台，以拥抱的姿态迎接来自五湖四海的游客。港口共设有 4 个泊位，可同时靠泊 2—3 艘大中型邮轮、停靠世界最大的 22 万吨级邮轮。

碧海蓝天之间，停泊的万吨级邮轮与港口雪白的建筑相互偎依，俨然一张厦门风景明信片。

地址：厦门市湖里区东港路 2 号

· 厦门海峡旅游服务中心——海峡新岸

越过五缘大桥，厦门海峡旅游服务中心的曲线形白色建筑群静卧于海滨，仿佛凝固的白色浪花。服务中心又称“海峡新岸”，是厦门市政府主导建设的对台重要交流平台，亦是国家旅游博览会的永久会址，承担着海峡两岸文化交流的重要任务。

服务中心以“联结的纽带”为设计理念，集合海峡旅游大厦、旅游博览中心、旅游会展中心、厦金客运码头、佰翔五通酒店五大建筑体，并通过两层桥梁公园连接，相互连通而又各自独立。各建筑风格和谐统一，柔软起伏的直纹曲面屋顶、浪

漫交织的倾斜平行墙面，将海浪的激情搬到了岸上，如同海水撞击海岸溅起的一片片白色浪花在空中突然凝固，带来独特的建筑艺术视觉冲击。服务中心建筑群在设计上坚持绿色低碳理念，摒弃大面积运用玻璃幕墙，采用整体化金属百叶，折叠出变化无穷的立面，百叶内层可设置大量开启的窗户，达到最大程度的自然采光、通风效果。

服务中心的所在地厦门五通，历史上就是通往宝岛台湾的咽喉，数百年间与宝岛一衣带水，咫尺相隔又紧密相连，这座“海峡新岸”，寄托的正是海峡两岸人民合作互通的美好愿景。

地址：厦门市湖里区环岛东路 2504 号

ART MORE

地址：厦门市湖里区海沧大桥下

· 厦门桥梁博物馆

在海沧大桥东岸硕大的锚碇里，藏着一座特别的博物馆。海沧大桥跨海连接海沧半岛与鹭岛，是世界第二座三跨连续全漂浮钢箱梁悬索桥，作为中国桥梁史上的里程碑，设计之初就在桥梁主体中引入了景观设计理念。大桥东、西锚碇为国内首创的空腹三角形框架结构，在承托桥梁重量的同时，也为后期嵌入桥梁博物馆提供了空间。

博物馆形似金字塔，两侧到顶的玻璃幕墙通透明亮，从塔底基座入口进入，内部空间豁然开朗。馆内分三个展示馆：一层为海沧大桥建设展示馆，还原了先导索过海、主缆架设、钢箱梁吊装、主缆防护和桥面铺装五个造桥环节；二层为中国桥梁百年回顾展示馆，以历史变迁为经纬、以桥梁科技为线索，展示桥梁历史与文化；顶层为海沧大桥监控中心，是大桥交通指挥的核心“大脑”，承担着数据采集、数据通信、分析统计、自检报警等功能。桥面上车辆川流不息，桥面下这座博物馆既承托起连接地理交通的桥梁，亦架起沟通人文历史的桥梁。

· 金沙书院

将时光回拨至五百年前，厦门海沧曾是明代重要的对外贸易集散地，贸易兴盛、文化活跃，林希元、周起元等一众闽南大儒先后在此治学，兴建金沙书院，传播海洋文化，在重陆轻海的中国传统中开辟了一条向海而生的发展道路。穿越漫长时空，海风海浪依旧，但海沧已换新颜，建筑大师王澍在海沧湾再现金沙书院盛景，回应海洋文明的历史洪响。

书院整体设计以古出新，以“重山叠院”为设计概念，将传统闽南建筑红砖古厝与现代建筑理念充分结合，融入山体、海浪等想象，给人带来耳目一新之感。入口处是石刻明代地图《古今胜形之图》，这是传入欧洲的第一张中国全境图，也是赓续金沙书院历史文脉的重要标志——公元 1555 年，为让金沙书院学生了解天下形势及古今战略要害地方，书院重新刊刻了这张举世闻名的地图。步入建筑内部，空间分布上别有洞天，内设有沉浸式数字展区、漆画展厅、大讲堂、文创商店等功能区。书院落成后，既是群众文化活动中心，更是闽台文化交流中心、海丝文化展示中心。

远望海沧湾，书院的红瓦飞檐在海岸起伏，五重连绵屋脊宛若打开的古书，向世人诉说着海丝文化的灿烂篇章。

地址：厦门市海沧区东屿北路与村南路交叉口南 140 米处

一经堂
金沙書院

金沙書院

• 厦门中心大厦

“海者，闽人之田也”，因海而生、向海而荣，厦门这座海上花园城市亦有不少海洋元素地标建筑，厦门中心大厦（原东南国际航运中心总部大厦）便是其中之一。

大厦总建筑面积 61 万平方米，六栋建筑错落立于海沧湾畔，主体以闽南丘陵和梯田为灵感，层层退台从裙房到塔楼自下而上逐层收缩，疏密有致的曲度渐变带来流动的韵律感。远

地址：厦门市海沧区海沧大道551号

望之，既如翻腾的层层海浪，又如盘旋而升的座座梯田，城市天际线与海岸景观呼应互动，呈现“山海对话”之趣。

暮色降临，华灯初上，漫步于海沧湾畔，你的目光定会被厦门中心大厦所吸引。大厦夜景灯光由暖至冷渐变，分别代表沙滩、岩石、大海、蓝天等元素，灯光在流畅的建筑曲线上跃动，犹如一波波潮水不断涌向天际，灯光倒映在海湾中，随着水波晃动流光溢彩，如梦如幻，映照着千年海丝路。

· 同安朱子书院

朱子书院位于具有千年历史的同安县衙旧址内，由县衙旧址西北角“高士轩”基址上的县府旧食堂翻修而成，占地 600 平方米，分为门头小院、书院讲堂、高士轩馆三部分。红砖、燕尾脊、胭脂窗等的点缀让书院充满浓郁的闽南风情。

公元 1153 年，时年 24 岁的朱熹赴任同安县主簿，这也是他仕途开始的第一站。据同安文史专家颜立水考证，当时，朱熹就住在县衙西北角的主簿廨（主簿办公室）。朱熹见主簿廨“皆老屋支柱，殆不可居”，还好西北隅有一轩“亢爽可喜”，命名为“高士轩”。朱熹在高士轩办公、居家、读书、著作，他的二儿子也是在这里出生。

朱子讲堂地面铺满红砖，四周陈列木制书柜，古韵盎然。一进门是朱子塑像，塑像为紫铜所铸，含底座高 2.4 米，寓意朱熹 24 岁到同安上任。塑像后靠屏风，上镌刻《朱子书院序》，屏风后面是一幅《朱子游同安》的国画。

地址：厦门市同安区后炉街 26 号

朱子書院
志道據德

朱熹
朱熹（1130-1200年）字元晦，号晦庵，谥"文"，世称朱文公。祖籍南宋徽州婺源，出生于南剑州尤溪。宋朝著名的理学家、思想家、哲学家、教育家、诗人，闽学派的代表人物，儒学集大成者。1153年7月至1156年秋任同安县主簿，秩满代者未至，奉檄走旁郡，故于1157年10月离开同安。

堅持雅操

· 美峰科创公园会展功能区

在滨海西大道同安往集美方向上，一栋科技感十足的银白色建筑十分抢眼，从空中俯瞰，建筑主体似一朵异形三角梅，这便是美峰科创公园会展功能区。它因侧面外观与北京的“鸟巢”十分相似，故又被称为厦门“小鸟巢”。

这座令人惊艳的建筑位于美峰科创公园内，临湖而建，圆形基座托举着“小鸟巢”延伸入湖，仿若轻盈悬于湖面，廊桥衔接，绿带环绕，兼具科技与生态之美。“小鸟巢”主体采用空间异形钢构梁，外立面由 3096 片玻璃、3006 块镂空铝板组成，片片不同，工艺难度极高。在落成之后，它承载着创新产品展销与会议功能，助力厦门科技产业腾飞。

地址：厦门市同安区创谷路与观浪路交叉口

· 厦门凤凰体育馆

沿翔安大桥跨海出岛，行程过半，厦门凤凰体育馆的白色身影便从地平线上跃出，流线造型随着海岸线起伏有致。越是向前，越能感受到这座体育馆气势之恢宏。

凤凰体育馆在设计上有机融合白鹭、三角梅、凤凰木等本地代表性元素，运用 7 万吨“钢铁骨架”、8000 余块铝制幕墙构建出科技感十足的外观。场馆建筑面积约 15.5 万平方米，地上六层，地下一层，设有座

席 18000 个，是福建省内第一个可实现冰、篮场地功能模式转换的体育馆，可举办篮球、冰上运动等多种赛事活动。厦门滨海地区地质条件复杂，岩层分布广、岩面起伏大，地下砂层厚度大、密实度高，海水渗透腐蚀性强，施工建造难度极大。经过技术攻坚，体育馆在建设上采用新型滨海环境预制管桩沉桩技术，使桩基在腐蚀环境下的耐久性得到提升，单桩承载力更是翻了一番，这是该技术在福建省首次大面积使用。

2023 年 3 月，凤凰体育馆首次正式投用，举办 CBA 全明星赛事。这只“凤凰”羽翼渐丰，正乘着新时代的浩荡东风，扶摇直上。

地址：厦门市翔安区刘五店

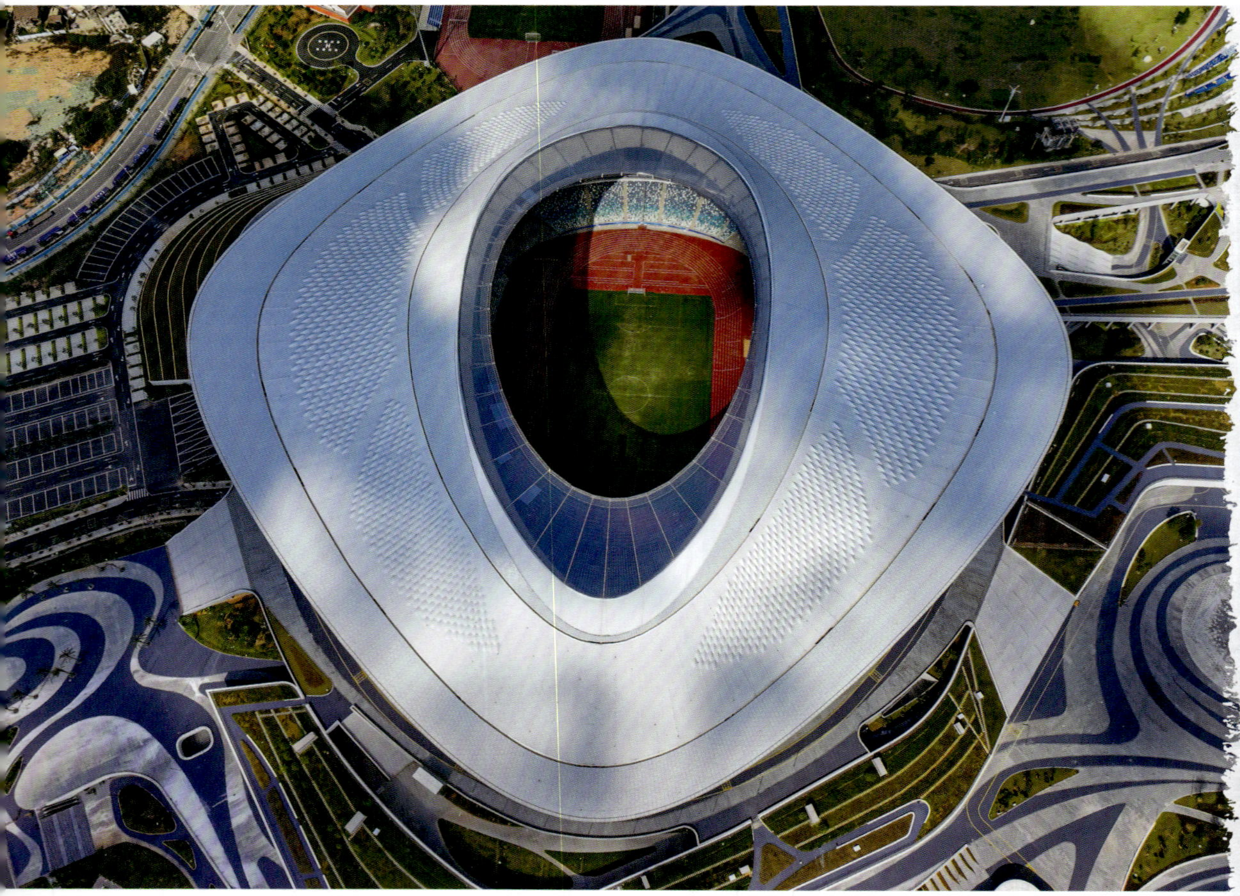